青少年心理自助文库
自强丛书

自立

青春浩气走千山

师风玉/编著

> 每个人都有自己的天赋,
> 只有在自己的行动中,才能发现自己,
> 才是向社会展示自身价值的最好方式。

中国出版集团 现代出版社

图书在版编目(CIP)数据

自立:青春浩气走千山／师风玉编著. —北京：现代
出版社，2013.11

ISBN 978-7-5143-1611-7

Ⅰ. ①自… Ⅱ. ①师… Ⅲ. ①成功心理－青年读物
②成功心理－少年读物 Ⅳ. ①B848.4－49

中国版本图书馆 CIP 数据核字(2013)第 149175 号

编　　著	师风玉
责任编辑	李　鹏
出版发行	现代出版社
通讯地址	北京市安定门外安华里 504 号
邮政编码	100011
电　　话	010－64267325 64245264(传真)
网　　址	www.1980xd.com
电子邮箱	xiandai@ cnpitc.com.cn
印　　刷	北京中振源印务有限公司
开　　本	710mm×1000mm　1/16
印　　张	14
版　　次	2019 年 4 月第 2 版　2019 年 4 月第 1 次印刷
书　　号	ISBN 978-7-5143-1611-7
定　　价	39.80 元

为什么当今时代一部分青少年拥有幸福的生活却依然感觉不幸福、不快乐？又怎样才能彻底摆脱日复一日的身心疲惫？怎样才能活得更真实、更快乐？越是在喧嚣和困惑的环境中无所适从，我们越是觉得快乐和宁静是何等的难能可贵。其实，正所谓"心安处即自由乡"，善于调节内心是一种拯救自我的能力。当我们能够对自我有清醒认识，对他人能够宽容友善，对生活能无限热爱的时候，一个拥有强大的心灵力量的你将会更加自信而乐观地面对一切。

青少年是国家的未来和希望。对于青少年的心理健康教育，直接关系着下一代能否健康成长，能否承担起建设和谐社会的重任。作为家庭、学校和社会，不能仅仅重视文化专业知识的教育，还要注重培养孩子们健康的心态和良好的心理素质，从改进教育方法上来真正关心、爱护和尊重他们。如何正确引导青少年走向健康的心理状态，是家庭、学校和社会的共同责任。因为心理自助能够帮助青少年解决心理问题、获得自我成长，最重要之处在于它能够激发青少年自我探索的精神取向。自我探索是对自身的心理状态、思维方式、情绪反应和性格能力等方面的深入觉察。很多科学研究发现，这种觉察和了解本身对于心理问题就具有治疗的作用。此外，通过自我探索，青少年能够看到自己的问题所在，明确在哪些方面需要改善，从而"对症下药"。

成功青睐有心人。一个人要想获得事业上的成功，就要有自信，就要把握住机遇，勇于尝试任何事。只有把更多的心血倾注于事业中，你才能收获

成功的果实。

远大的目标是人生成功的磁石。一个人如果仅仅拥有志向，没有目标，成功就无从谈起。

一个建筑工地上有三个工人在砌一堵墙。

有人过来问："你们在干什么？"

第一个人没好气地说："没看见吗？砌墙。"

第二个人抬头笑了笑说："我们在盖幢高楼。"

第三个人边干边哼着歌曲，他的笑容很灿烂："我们正在建设一个城市。"

十年后，第一个人在另一个工地上砌墙；第二个人坐在办公室里画图纸，他成了工程师；第三个人呢，是前两个人的老板。

三个原本是一样境况的人，对一个问题的三种不同回答，反映出他们的三种不同的人生目标。十年后还在砌墙的那位胸无大志，当上工程师的那位理想比较现实，成为老板的那位志存高远。最终不同的人生目标决定了他们不同的命运：想得最远的走得也最远，没有想法的只能在原地踏步。

远大美好的人生目标能吸引人努力为实现它而奋斗不止。每当你懈怠、懒惰的时候，它犹如清晨叫早的闹钟，将你从睡梦中惊醒；每当你感到疲惫、步履沉重的时候，它就似沙漠之中生命的绿洲，让你看到希望；每当你遇到挫折、心情沮丧的时候，它又犹如破晓的朝日，驱散满天的阴霾。

在人生目标的驱策下，人们能不断地激励自己，获得精神上的力量，焕发出超强的斗志。那样，你就能收获成功的果实。

本丛书从心理问题的普遍性着手，分别描述了性格、情绪、压力、意志、人际交往、异常行为等方面容易出现的一些心理问题，并提出了具体实用的应对策略，以帮助青少年读者驱散心灵的阴霾，科学调适身心，实现心理自助。

本丛书是你化解烦恼的心灵修养课，可以给你增加快乐的心理自助术。本丛书会让你认识到：掌控心理，方能掌控世界；改变自己，才能改变一切。本丛书还将告诉你：只有实现积极心理自助，才能收获快乐人生。

C目录
ONTENTS

目录

第六篇　自立是迈出成功的第一步

第七篇　培养生活自理的习惯

目录

第一篇 >>>

走向自立

没有独立精神的人，一定依赖别人；依赖别人的人往往怕人；怕人的人往往阿谀谄媚人。若常常怕人和谄媚人，逐渐成了习惯以后，他的脸皮就同铁一样厚。对于可耻的事也不知羞耻，应当与人讲理的时候也不敢讲理，见人只知道屈服。

青少年或许还不太懂得很多道理，在遇到很多事情的时候，还没有成熟的思维，但是这并不能成为家长不给青少年发言权和自主权的借口。任何一个青少年的独立性和自主性都是从这些不成熟的发言和自主中形成的。

不能溺爱青少年

随着独生子女越来越多，家长对于青少年的爱护也越来越多，生怕自己的孩子受什么委屈，即便在孩子明确表示不需要父母帮忙、宠爱的情况下，父母还会自以为是地帮助着自己的孩子、宠爱着自己的孩子，以至于让孩子陷入溺爱的旋涡之中。

无论从哪个方面来说，家长过于溺爱和袒护自己的孩子都是不可取的。从家长一方来说，家长给予孩子的爱很多，并不一定是孩子真正需要的，这就直接导致了孩子和父母之间产生冲突，"可怜天下父母心"并没有换来青少年的感恩和回报，让人感到寒心。

从青少年的角度来说，父母给予过多的爱，会让孩子在成长的过程当中失去自我。凡事都要靠父母，没有任何的独立性，以至于走上社会，没有一点自理能力。现代社会上的"白痴天才"就是家长过分溺爱的结果。

那么，家长如何做才不会进入溺爱的家教误区呢？

丢掉"佣人"的身份

在现代家庭当中，家长的身份已经开始转变了，不再是以前的父母身份，而是"佣人"身份了，即青少年将父母当成了自己的佣人，只要自己有什么要求，都可以找父母帮忙解决。久而久之，小孩成了"皇帝""公主"，而父母成了"佣人""下人"。

家长照顾孩子是理所当然的，但是这个理所当然也应该有个限

度，超过这个限度，就会陷入溺爱青少年的误区之中。

丁丁是家里的独生子。无论是父母还是亲戚长辈都很"宝贝"他，以至于"宝贝"到"含在嘴里怕化，捧在手里怕摔"的地步，对于他提出的要求，无论如何，丁丁的父母都会想方设法满足他。

特别是在丁丁做作业的时候，更是神气得像个小皇帝，一会儿叫他妈来倒水，一会儿叫他妈去开门、给自己扇扇子、拿零食……把妈妈呼来喝去，而且态度还很不好。俨然将自己的母亲当成了自己的贴身佣人，当成了自己的下人。

丁丁妈妈竟然赔着笑脸，毕恭毕敬，尽心尽责地做丁丁要求的这些事，一点儿怨言也没有。看样子，只要丁丁能够生活得开心，能够坐下来好好做作业，妈妈就感激得很、高兴得很了。真是可怜天下父母心。

毫无疑问，像故事中丁丁这种小孩，即便父母照顾得再周到，他们还是不满意。长大之后，也不会懂得感恩父母；其人生之路也不会太好走，因为他们没有独立意识，就像一个习惯于依靠拐杖走路的人一样，一旦哪天没有了拐杖，他们也就寸步难行了。作为家长，一定要意识到这一点，尽早地丢掉"佣人"的身份，对自己有好处，对孩子更有好处。

不要"求"青少年做事

很多青少年不愿意做某事，而家长一定要青少年做某事，于是家长就会使用"求"的方式，逼迫青少年去做。这样做的后果就是让青少年自以为父母离开了自己就不行，从而助长他们的骄横气焰。

比如说学习，很多青少年在放学之后不喜欢立刻做作业，很多家长就会通过各种各样的方法来"求"青少年做作业，比如说给青少年买零食、承诺给青少年买玩具、做好吃的……似乎只要青少年立刻做作业，父母什么条件都能答应。

试想，这种"求"法长此以往，青少年还有什么独立性可言？长大之后，还有什么用处可言？

让青少年找到生活的意义

很多家长给青少年限定了生活的全部内容——学习，除此之外，不要也不能干任何其他事情，不用洗衣做饭、不用收拾房间……这种做法对青少年的成长是极端有害的，时间久了他就什么都不会做了，他会越来越自卑。他的所有责任都由其父母来承担，他没有学会对自己负责，更没有学会对别人负责，他在生活中觉得自己是一个无用的废物，他没有任何的价值感。在青少年心目中，生活没有任何意义可言，只不过是父母手中的读书工具而已。

要知道，任何一个人，包括青少年在自我心灵的深处，必须感觉到他与这个世界存在某种联系，他才找到了"意义"的纤绳。而很多父母的溺爱，正是剥夺了青少年的这种寻找"意义"的权利。也正因为如此，越来越多的青少年选择和父母吵架、离家出走、自杀等手段来抵抗。

别让青少年过分依赖自己

家长给予青少年过度的保护，致使青少年没有机会独立做本该由他们负责的事，久而久之，青少年的依赖性越来越大，会对青少年的心灵造成伤害。这是家长溺爱孩子的一种后遗症。要想帮助孩子摆脱溺爱的后遗症，就必须教育青少年，不要过分依赖自己的父母、长辈、老师……遇到事情，首先应该自己去寻找解决方法，如果自己解决不了，再寻找其他人的帮忙，而不是遇到问题首先就请人帮忙。

自立

赋予青少年一定的责任

赋予青少年一定的责任，会让青少年有重要感、价值感，让青少年感觉到自己很重要，并因此而主动去做一些事情。

比如家里要装修的时候，家长可以征询青少年的意见，让青少年觉得自己的意见对于整个装修计划很重要，由此而进行思考，和父母讨论。而不是父母之间相互商量，把青少年的意见抛在一边，不加理会。

如果想不溺爱青少年，让青少年自立，就必须把他的责任心建立起来。责任心和主动性是连体的。一个人如果被赋予责任，有了重要感、价值感，就有了主动性。当一个青少年被赋予责任时，就感觉自己绝对重要，有了重要的感觉就有了自律，自律就意味着主动。这就是最理想的状态。

很多家长为了表示自己很爱青少年，就包揽了青少年所有的事情，包括帮助青少年洗衣、收拾房间，甚至还帮青少年洗澡、收拾书包、帮老师请假……似乎只要青少年不愿意做的，家长都能帮忙做。一旦家长这么做了，就会陷入溺爱的家教误区。

心灵悄悄话

从小培养青少年自己的事自己做，今天的事今天做，不但要有始有终，而且要有恒心。家长的过分保护，只会让青少年越来越没有自理能力。有机会，就放手，让青少年自己在做事的过程中体验和收获。

让孩子有主见

很多专家、学者都在研究这个问题：是谁偷走了青少年的主心骨？又是什么原因让青少年变得如此不爱思考、如此没有主见呢？毫无疑问，偷走青少年主心骨、让青少年没有主见的，就是每天辛辛苦苦、任劳任怨，但却并不懂教育技巧的青少年的父母。或许这么说有点儿不近人情，事实就是如此，父母是扼杀青少年主见的主要"凶手"。

在家庭中，我们经常看到这样或者类似的场景：夏令营前一夜，妈妈把整理好的东西放在孩子床头，并对孩子说："儿子，你要带的东西，妈妈都帮你整理好了，明天别忘记了啊。"

孩子外出玩耍刚回家，妈妈便对孩子说："儿子，以后别总是和那些调皮的孩子一块玩。多和楼上的那个谁谁谁一块玩吧，人家学习好，多向人家学习学习。"

超市里，妈妈拿过孩子手里的玩具，对孩子说："这个玩具不好，还是买那个结实一点的。"

从这些场景当中，我们都可以看到，父母在限制青少年的行为和思维。青少年到底要什么，喜欢什么，父母并不知道，他们只是在按照自己的思维、经验、习惯来"帮助"孩子选择，强行告诉孩子这个不能做，那个不能拿，这个人不能交，那个人有什么缺点……

由此可见，限制孩子的结果就是让青少年丢掉自己的主心骨，让孩子变得没有主见。相信这是所有的父母都不愿意看到的结果。当然，要想这个结果不出现，家长就要做到一点：不要给青少年过多的

限制。

让青少年自己决定吃什么

很多父母担心青少年的健康，强行要求青少年今天吃什么、明天吃什么。即便其中的很多东西，青少年并不喜欢。其实家长完全没有必要这样去做，完全可以在不影响青少年饮食均衡的情况下，让青少年自己选择吃什么。例如饭后吃水果时，父母不必安排青少年今天吃苹果，明天吃香蕉，而让青少年自己挑选。

小丽最不喜欢吃的就是西红柿，但是最近她却天天被逼着吃西红柿，原因就是妈妈最近看了一本书，发现西红柿里面有很多人体必需的微量元素。为此，小丽妈妈天天逼着小丽吃，即便小丽一再要求不要吃这些东西。因为不喜欢，而妈妈总以"我是为你的健康着想"的理由反驳小丽。

现在，小丽一看到西红柿就想吐，一想到西红柿就害怕回家……

这就是家长逼迫青少年吃某种食物的后果。这样做的结果不但不能达到最初的目的，还会引起青少年的反感和厌恶。

让青少年自己决定穿什么

父母在保证文明着装、安全的前提下，可以让青少年自己决定穿什么衣服，切忌随自己喜好而不顾青少年的感受。因为时代在变，父母的眼光和现在的时代已经脱钩了，用青少年的话来说，就是父母的眼光"太老土"了，跟不上时尚了。

对于父母来说，要承认这一点，只要青少年不穿得奇形怪状的，就让青少年自己去选择吧。

让青少年自己决定玩什么

不少男孩在玩游戏时，并不想让成人教给他们游戏规则，更愿意自己决定游戏的方式，并体验其中的乐趣。父母可让青少年自己选择玩具和玩的方法。这样做可以极大地满足青少年的自主意识，帮助他成为一个有主见的人。

同样，在玩具的选择上，父母同样不要给青少年以限制，让青少年自己决定玩什么。当然，家长在让孩子选择玩具的时候，要给孩子一个玩具价钱的范围。

晓光妈妈这样介绍了她培养晓光有主见的方法：为了让晓光对事情有自己的见解，妈妈为他提供了许多实习的机会。比如去买玩具，妈妈会有意识地告诉晓光："晓光，你今天可以买两件玩具，价钱在30元之内。"然后，妈妈就不管孩子如何选择了。

这时，就看晓光一会儿拿起一辆小汽车，一会儿又拿起一个变形金刚，拿起放下拿不定主意，后来便过来问妈妈："妈妈，你说哪一个玩具更好一点呢？"这时，妈妈不会告诉晓光答案，而是这样对晓光说："自己的事情自己决定。自己喜欢哪一种就要哪一种。"

就这样从买东西开始，晓光渐渐有了自己的主意。后来，当晓光和父母出现不同意见的时候，晓光还会对妈妈说："妈妈，我认为我选的这个比较好，因为……"说出一大堆的理由，像个小专家似的说得头头是道。

毫无疑问，晓光已经具备了自己的主见。

要想培养青少年有主见的个性，父母就应该给青少年提供更多自己做主的机会，不是一味地替青少年选择，替青少年做主。

时时询问青少年的想法

任何一个人，如果没有自己的想法，就等于他是一个"没用的废人"，一辈子都将在浑浑噩噩中度过。这是很可怕的事情。任何一个父母都不希望自己的孩子以后过这样的生活。而要让孩子不过这样的生活，关键在于父母不要给孩子过多的限制，关键在于父母时时询问孩子的想法。

小男孩杰杰8岁了，无论是在学校还是邻里间，大家都夸他是个乖巧、听话的好孩子。但是，作为一个小男子汉，杰杰太没自己的主见了。在家里，大人让他做什么，他就做什么，让他怎么做，他就怎么做，甚至连玩什么玩具都要让爸爸妈妈来决定；和小朋友一起玩时，他也顺从别人的领导，很少有自己的想法。

小男孩的情况在现代社会并不少见，他们的情况也让父母着急。其实要想改变这种情况并不难，只要父母在涉及孩子自己的事情的时候，多多询问孩子自己的意见即可。

让你的孩子参与进来

男孩做事缺乏主见，没有自己的想法，通常与家长缺乏和青少年的沟通、做事武断、不注意尊重他们的要求有关。所以，要想解决这一点，只要让你的孩子参与到你所做的事情当中来，咨询青少年的意见和建议，让青少年有充分表达自己愿望的机会以及独立思考的机会。

桑桑家的房子要进行重新装修。桑桑对此表现出了浓厚的兴趣，经常问这问那。桑桑的父母觉得这是一个教育孩子自立的机会，于是桑桑爸爸在房子装修的事情上，经常和他商量：

"桑桑，你希望自己房间的墙壁涂什么样的颜色呢？"

"桑桑，你觉得把书架摆放到哪里比较好呢？"

"桑桑，你觉得客厅里摆放什么样的沙发比较好呢？"

"桑桑，你觉得我们家放什么款式的家具好呢？"

有时，桑桑自己也拿不定主意，爸爸就会鼓励桑桑："小男子汉，如果是你，你该怎样做？"

"我想听听你的意见。"

通过装修房子，桑桑感到父母对他特别重视，因此他备受鼓舞，在任何场合都爱表现自己了。现在。他不仅当上了梦寐以求的班干部，而且说话都"振振有辞"的，喜欢主动承担家里家外的一些事情。

让青少年学会自立，首先就得从尊重青少年的意见开始，让青少年觉得自己受到家长的重视。只有如此，他们才会重视自己、看重自己，才会相信自己。

教育青少年要懂得拒绝

一位妈妈曾写下了下面一段话：

我的儿子遇事有主见，这使得他常常成为一群孩子的中心人物。而我的孩子之所以这样有主见，就是因为我让他懂得了拒绝。因为在孩子很小的时候，孩子什么主见都没有，任何事情都由我们做父母的来帮忙，渐渐地，我发现这样下去对孩子不好，所以，我就有意识地教育孩子：如果你觉得别人的意见不适合你，那么你要懂得拒绝别人的意见，按照自己的意思来做事。

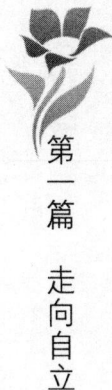

如"我吃饱了，不想吃了""我不喜欢吃苹果，我喜欢吃橙子"
"我愿意玩捉人游戏，不喜欢拍皮球""妈妈，别来干扰我"等。

当然，他如果做得不对，我不会批评他，而会告诉他正确的做法
是什么样的。就这样，慢慢地，我的孩子懂得了拒绝，也找回了自己
的主见。现在，他已经是一个公司的老板了。

心灵悄悄话

一个不懂得拒绝别人的孩子，在别人眼里永远都是唯唯诺诺、没
有想法的。所以在日常生活中，父母要鼓励孩子说出自己的想法，敢
于对别人不合理的要求说"不"。

给青少年自己选择的机会

　　都说现代青少年生活得很好，这只是指在物质方面的，而在其他方面现代的孩子生活得并不快乐。据调查研究显示：在广州，有42.8%的青少年对现有家庭教育方式表示反感，感到难以快乐；有27%的青少年将"家长不能理解我"列为主要烦恼之一。其中包括：31.5%的青少年觉得"家长只知道关心我学了什么、成绩如何"；26.6%的青少年认为"我想做的事情爸爸妈妈总不让我做"；19%的青少年认为"我不愿学爸爸妈妈为我安排的学习内容，如钢琴、计算机、舞蹈"……

　　看着这些触目惊心的数字，很多人都会有这样一个感觉：父母是孩子的"快乐杀手"，即父母的一些言行给予孩子过度的保护，扼杀了孩子应有的快乐。那么这些孩子的快乐又是怎么样被家长们所扼杀的呢？很简单，父母"没收"了孩子选择的权利、自主的权利……

　　在国外的许多国家，无论是多大的青少年，他都有自己选择的权利，而在中国，这种权利基本上没有。这就是中国青少年的自主能力要比国外青少年自主能力差很多的原因之一。这将直接导致中国青少年在以后的生活中遇到重重的困难。

　　所以，教育专家一直在呼吁：要把青少年的权利还给青少年，给青少年自己做主的机会。那么按照教育专家的这种倡议，父母应该怎么做呢？

　　很多家长以为青少年还小，根本就没有分辨事情的能力，所以在

选择方面不可能做得很好，干脆大包大揽，替代青少年选择。青少年往往不喜欢父母的选择，这就导致父母和青少年之间矛盾的冲突。久而久之，青少年会屈从于父母的选择，而放弃自己的思维，从而转向依赖自己的父母。

所以，作为家长，应该给青少年适当选择的机会。对此，小朋友丹丹有一肚子的委屈要说：

记得有一次，丹丹想要双鞋。妈妈告诉丹丹，只要喜欢就买。可是当丹丹看中一双鞋的时候，妈妈却说：这双鞋质量不好，还是买那双质量好的吧！丹丹知道，那双质量虽然好，可是样子却很古板，不是自己喜欢的那种。最后在选择哪双鞋的问题上，丹丹和妈妈吵了起来，而这样的争吵，几乎每天都在发生。丹丹不知道，到底是自己太任性，还是父母把自己管得太严？

此时的丹丹已经13岁了。

生活中，常常会发生这样的事情：孩子不愿意去做的事情，家长有时就强迫孩子去做；刚开始时候，孩子可能会反抗，久而久之他们就不再反抗，而是事事听从父母的安排，限制自己的思考。因为在这些孩子心目中，觉得思考根本就是多余的，父母会帮助自己思考。当然，这样的青少年肯定不会生活得快乐。

桃桃是一个10岁的小姑娘，虽然家庭生活非常优越，但是她觉得自己生活得一点儿都不快乐，甚至有好几次她都想离开这个家庭。

很多人都不解桃桃为什么要这么做。桃桃自己解释：妈妈对她的教育十分严格，每天早上5点就得起床，跟妈妈读两个小时的外语。然后才跟其他孩子一样，背起书包开始一天的学校生活。放学回家后再学习两小时的书法。在这段时间里，她根本就没有和小朋友玩耍的机会，更不用说看电视、看小人书了。

更让桃挑受不了的是，最近妈妈又"培养"小桃桃的业余爱好——拉小提琴。但是桃桃并不喜欢小提琴，因为这根本不是桃桃的爱好。而是妈妈自己的爱好，和很多家长一样，妈妈把自己的爱好与梦想强加给桃桃，夺走了桃桃童年的欢乐。

于是从小学三年级的暑假开始，桃桃的生活中多了一项重要的内容——练琴，教师就是妈妈。暑假，桃桃每天要练 8 小时的琴，开学后也是同样，挤掉了几乎全部的课余时间。

平时，妈妈不让她做任何事，只要专心练那些"业余爱好"就好。桃桃说："我宁愿妈妈让我做家务，收拾房间什么的，也不想练小提琴了。"

看到这样的故事，问一下家长，如果你是桃桃，被别人逼着做自己不喜欢做的事情，你会怎么办呢？反抗？屈从？还是闷闷不乐？谁都知道，家长这样做都是为了孩子好，但是孩子并不认可家长的这种好，甚至讨厌家长的好。这也就是很多家庭爆发家长和青少年之间冲突的主要原因之一。

要想给青少年做主的机会，很重要的一个前提就是家长必须信任自己的孩子，尊重自己的孩子。只有充分地尊重孩子、信任孩子，才能走进孩子的心灵，父母与孩子之间才能有愉快的沟通。而这种沟通往往能达到意想不到的效果。

最近爸爸正在和毛毛商量一件事：毛毛想要学溜旱冰，而父母则希望毛毛在寒暑假的时候再学。因为那个时候将会有更多的时间。但是毛毛似乎不同意，因为她们班的孩子在一个月前就开始学了，并且下个学期还要进行比赛。

在了解了孩子的具体情况之后，爸爸向毛毛提出了一个要求：学溜旱冰，现在也可以，不过得照顾自己的学习，在做好家庭作业之后，可以出去练习，并且不能影响第二天的上课。

自立

听到爸爸同意了自己的要求，毛毛高兴地蹦了起来。

后来，在爸爸的帮助下，毛毛不仅学好了溜旱冰，成绩也依然如初。

对此，毛毛的爸爸对其他家长说："不要看孩子小！如果你尊重她，她也就会尊重你；如果你不尊重她，她肯定也不会尊重你。现在的这些小鬼机灵、精明着呢！"

正如毛毛的父亲所说，父母要尊重孩子的意见，让青少年参与讨论和发表意见，通过与青少年的讨论、交谈，让孩子有机会锻炼自己的能力。父母总想替孩子打理一切、承担一切，本意是为了爱自己的孩子，而实际上却是害了自己的孩子，只有像对待自己的朋友那样耐心倾听孩子的心声，尊重孩子的意见，孩子才会敞开自己的心扉，接受父母的爱。

现代青少年都有一个疑问：这件事情明明是自己的事情，可是为什么自己说了不算？为什么自己的事情要听父母的呢？或许很多家长也有同样的疑问：我为孩子好，孩子为什么不接受、不理解甚至反抗呢？

如果家长还不清楚问题的根结所在，就看看达·芬奇的父亲是怎么做的。

著名画家达·芬奇的父亲彼特罗是一位令人称道的好父亲。他培养孩子的信条就是：让青少年对自己的事情做主。

6岁那年，达·芬奇上学了，在学校里学了很多知识，但对绘画最感兴趣。一天，他上课不专心听讲，还给老师画了一幅速写。回家后，达·芬奇把速写给父亲看，父亲不仅没有生气，反而夸奖他画得很好，决定培养他在这方面的才华。

正是因为父亲如此开明，达·芬奇全身心投入自己喜爱的绘画中，甚至敢画画吓唬老爸。一次，他花了一个月时间，在盾牌上画了

一个两眼冒火、鼻孔生烟，看起来十分可怕的女妖头。为了把父亲吓一跳，他还关紧窗户，只让一缕光线照到女妖头的脸上。后来，父亲一进家就被盾牌上的画吓坏了，可是等达·芬奇哈哈大笑地解释完，他竟然也没有责备儿子。

16岁那年，父亲把达·芬奇带到画家维罗奇奥那里学画画。在维罗奇奥的指导下，达·芬奇刻苦学习，掌握了很多绘画技巧，终于成为一代大画家。

每个青少年都是某一方面的天才，关键就要看家长有没有发现这一方面的能力。很多家长在发现青少年对某一方面有兴趣的时候，会拼命扼杀这方面的兴趣，因为他怕青少年因为这些方面而耽误了学习。这种方法其实是愚蠢的，因为根据人的天性，越是得不到的东西，就越想得到，青少年也是如此。家长越是不让自己做的事情，他越想去做。所以，与其扼杀青少年的兴趣，倒不如让青少年对自己的事情说了算，让他们自己去选择。

除此之外，父母要善于发现和培养孩子生活细节中的兴趣，对孩子的点滴进步要及时进行表扬。凡属孩子自己的事情，既不越俎代庖，也不横加干涉，而是怀着爱心加以关注，以平等的态度进行商量。

现代的青少年，对兴趣班并不陌生，对它也没有多少好感，因为这是一个扼杀青少年快乐的地狱。有的青少年有一个这样的地狱，而有的青少年却有好几个这样的地狱，而将他们带入这些地狱的，就是他们的父母。

那么家长这么做能达到好的效果吗？这是一个很大的疑问。家长因为有"望子成龙，望女成凤"的美好期望，所以就倾自己最大的能力帮助青少年报名参加各种各样的兴趣班、补习班，弹琴、跳舞、画画、学习英文……一个都不能少。

他们没有更多地考虑到青少年的兴趣爱好和能力，而是一味地用

自己的思维来决定青少年的发展方向。这样做的最终结果，往往与父母一厢情愿的预料相反，不仅让青少年出现了心理问题，也让家庭出现了矛盾和冲突。

青少年的未来，他们的发展方向，应该让孩子自己去构思、去选择，父母能做的，也只能是指导而已，而不是越俎代庖，强行替青少年选择。

什么叫"接力棒"？或许大家都不陌生，就是比赛时一个人传递给另一个人的棍棒。不过很多人会有疑问，接力棒和家教有什么影响呢？有影响。因为在现代社会，很多青少年做的事情，都是他们的父母没有完成的事情，即现在青少年的愿望被父母剥夺，而父母将自己没有完成的心愿传递给了青少年，让青少年帮着自己完成自己的心愿。

对青少年来说，是不是有些残忍呢？是的。但是却很少有家长能考虑到这一点，很少有家长能为青少年思考这一点，他们唯一做的事情就是不断地将自己的思想强化给青少年，利用青少年帮自己圆梦。

小强在很早的时候就跟父母说过，自己喜欢画画。但是，父母以画画以后找不到工作为由拒绝了青少年的要求，残忍地剥夺了青少年的愿望，取而代之的是父母的愿望——考上重点初中、重点高中、重点大学……

小强后来知道，原来父母在小的时候，就是因为没有考上这些"重点"，所以一直耿耿于怀，现在，他们的愿望终于有人帮忙实现了，而这个人就是可怜的小强。

满怀希望的父母原以为自己的愿望能在小强的身上实现，可是没想到小强断然拒绝了父母的要求，拿着父母给的学费，偷偷去了一个美术学校，成了一名美术学校的学生。

把青少年当成"接力棒"，是很多家长都会进的一个家教误区，也正是这个误区，扼杀了多少"画画天才""音乐天才"……很多家长一直都在寻找培养天才的方法，却不知道，自己在寻找的过程当中已经扼杀了一个天才。

心灵悄悄话

造就天才，最好的办法就是让青少年自己去选择，给青少年自己做主的机会。因为只有青少年自己最了解自己，他知道自己想要什么，能做什么。

学会独立解决困难

很多家长都在反映一个问题：自己的孩子已经慢慢长大了，但是无论什么事情都希望父母帮着解决，没有半点儿的自我意识，对家长过分依赖。甚至无论是在学习上还是在日常生活中，一遇到困难就不愿努力，产生后退心理，显得非常没有耐心和信心。这样的孩子长大之后怎么在社会上生存？

其实这就是发生在青少年身上典型的"依赖病"。随着独生子女现象越来越普遍，这种"依赖病"也就越来越普遍。毫无疑问，如果青少年身上的这种"依赖病"不能得到及时的根治，那么后果就如家长们所担心的那样：青少年不能在这个社会生存。

为了不出现这样的后果，家长应该做些什么呢？

父母要懂得放手

许多父母怕青少年"不会""做不好""太难"而处处帮助青少年。他们害怕青少年受苦，害怕青少年受挫折。这种"太早、太危险、太难"的心理使得青少年被父母紧紧抓在手里，护在自己的羽翼之下，让青少年得不到应有的锻炼。那么不用多少时间，青少年的生存能力就会退化，甚至消失。

家长的这些"担心"，都在传递对青少年能力不信任的信息，也给青少年种下一种意识：事情"太难""我根本做不好""我不应该做困难的事情"。在这种意识的指导下，青少年就会在不知不觉中依

赖父母，遇到问题、遇到困难，他们首先想到的不是自己去解决困难，而是让父母来帮忙。

所以，这些家长有必要放手让青少年去经历事情，去处理一些问题。只有让青少年自行去解决、处理这些问题，才会让青少年体验到"胜任感""掌握感"。有了这些体验，青少年才能体验到自己的力量，才会对自己有信心，才会逐渐摆脱对父母的依赖。

让青少年具备自我意识

什么是青少年的自我意识？就是让青少年在考虑问题的时候，所考虑的是"我会怎么样""我该怎么去做"，而不是"别人会有什么想法""别人希望我怎么去做"……

一个缺乏自我意识的青少年经常会有这样一种想法：自己活得好不好，要看别人对自己如何，而不是自己活得好不好，关键看自己对自己如何。让青少年学会对自己负责，学会为自己考虑，以后慢慢学会能自己作出选择和作决定。家长常用信任、肯定、正面的词形容青少年，让青少年慢慢学会照顾自己，从中寻找丢失的自我意识。

教育青少年要相信自己的判断

一个患有"依赖病"的青少年在众说纷纭、个人意见不统一的情况下很容易迷失自己，找不到正确的方向。这个时候，家长就应该教育自己的孩子，要相信自己的判断。

记得在小学的时候，就学过《小毛驴过河》的文章，其中就说明了这个道理。

一天，毛驴妈妈对小毛驴说："宝贝，你现在已经不是小孩子了，也要学着帮妈妈做点事情了。"小毛驴说："好啊，那我该做点什

么呢？”

　　妈妈说：“这有一袋米，你帮妈妈给河对岸的鸡大婶送去吧！”

　　小毛驴开心地说：“没问题。”

　　于是小毛驴驮着米袋子就走了，走到了河边，刚要踏水过去，就听到有人在喊：“小毛驴，别下河啊！”小毛驴回头一看，原来是小松鼠，便说：“可我得给鸡大婶送米去啊！”小松鼠说：“河水很深的，昨天我的一个朋友就在这儿被淹死了。”

　　小毛驴犹豫了，他不知道该不该下去，突然看见牛伯伯在那边吃草。于是它走到牛伯伯跟前问道：“牛伯伯，这河水深吗？”牛伯伯说：“不深，河水刚能没过我的脚踝。”小毛驴更犹豫了，他不知道该信谁的。

　　于是它跑回家问妈妈：“妈妈，小松鼠说水很深，可牛伯伯说水很浅，我到底该怎么办呢？”

　　毛驴妈妈对小毛驴说：“要想知道河水到底深不深，自己下去走走不就知道了吗！”

　　小毛驴听从了妈妈的建议，再一次来到河边，不顾松鼠的劝阻，勇敢地向河水迈出了一步。这时他才发现，河水并没有像松鼠说得那么深，也没有牛伯伯说得那么浅，正好没过自己的腿。于是小毛驴高高兴兴地将米送到了鸡大婶的家。

　　这虽然只是一个寓言故事，但是从中我们却能得到一个启示：作为家长不能当松鼠，也不能当牛伯伯，而应该像小毛驴的妈妈一样，鼓励青少年自己去判断，并且相信自己的判断。

创造条件，学会尝试

　　在孩子还小的时候，家长应该做的不是替孩子拿主意，不是替孩子承担责任，而是给孩子创造一系列的条件，让孩子学会尝试，并且在尝试中锻炼自己的能力，从而脱离对父母的依赖。

可是，遗憾的是，在现在的很多家庭当中，父母并没有这样去做，而是对青少年爱之过分、疼之过度。青少年一遇到困难，家长就一马当先，大包大揽，致使青少年长大时，尚不会自己克服困难，一遇到困难就焦虑紧张、烦躁不安，唉声叹气，不知所措。

毫无疑问，这样的青少年将会越来越依赖自己的父母，将会越来越离不开自己的父母。

和很多家长对青少年大包大揽不同的是，也有一些家长仅仅是帮助青少年解决难题，他们充当的不是青少年的执行者，而是青少年的拐杖，或许这些家长以为在青少年还没有长大的时候，应该适当给青少年一些帮助，只有这样青少年才能健康成长。

这位家长的想法是好的，但是方法是不可取的。在青少年成长的过程中，家长既不能当青少年的执行者，也不能当青少年的拐杖，而应该是引路人。即便青少年遇到一些困难，家长只能给予指导，引导青少年独立解决困难。

有意离开青少年，让青少年独自面对

很多青少年对家长的依赖性表现在"希望家长陪在身边"上面，一旦家长离开或者不在，这些青少年就会产生恐慌的情绪。遇到这种情况，父母应该怎么做呢？很简单，有意离开青少年，让青少年独自去面对。

苗苗今年上小学一年级，平时爱唱歌跳舞，很会表现自己，老师也挺喜欢她。可她最大的问题就是独立性差，不管干什么总希望让父母陪着。如果某件事是她独立完成的，我们称赞她几下，她就很得意，不过总得我们坐在她边上看着，就连看动画片也需要父母陪。如果父母稍走开一点，她就拼命地喊叫，直到大人过来。这样我们必须

等她睡着了才能干家务活。

为了改变青少年的这种性格，苗苗的父母决定对自己的教育方法进行一些改变。首先他们和苗苗商量好：自己要出去5分钟时间，马上就回来，让她自己在家待5分钟。刚开始，苗苗不同意，在父母的劝说下，她勉强同意了。

5分钟时间一到，父母准时出现在了苗苗的身边。

后来是10分钟、20分钟、50分钟、1个小时……

再后来，苗苗已经不知道父母是什么时候出去、什么时候回来的，因为这时的她已经不再对父母有依赖感了。

有意离开青少年，让青少年独自去面对生活，是培养青少年独立性的一个好办法。只不过家长要注意一点：循序渐进，不要奢望第一次就离开1个小时，而不让青少年大哭大闹。

让青少年尽力学着去做

青少年生来什么事情都不会做，这是事实，所以他依赖于自己的父母。但是他们不能一辈子都依赖父母. 所以应该尽力学着去做一些事情。这个时候，父母不要阻拦，而要鼓励，鼓励青少年去尝试、去实践。

在村里有一位特别会捕鱼的渔夫。每次去捕鱼，他都能抓到100条以上的鱼。别人都说他是捕鱼能手。因为他会捕鱼，村里的青少年们都很喜欢他。有一天，他又去捕鱼，青少年们都跟着他来到了江边。

"大叔，你能帮我抓一条鲫鱼吗?"

"大叔，我想要鲤鱼!"

孩子们纷纷让他帮忙捕鱼，这位渔夫也很有耐心地帮他们抓鱼，

一一满足了他们的要求。可只有一个孩子没有让他帮忙捕鱼。

渔夫走到他跟前说："你想要什么鱼啊，大叔帮你抓。"

"大叔，我不用您帮我捕鱼，我想请您教我捕鱼的方法。"那个孩子说。

渔夫很意外，但还是很高兴。于是他开始教这个青少年怎样来捕鱼。其他青少年都很不理解他：能得到鱼就行了，干吗要费劲地去学捕鱼啊？不过，这个青少年没有理会别人说什么，他坚持认真地学习。

终于有一天，渔夫搬到一个很远的地方去了。这下，村里的青少年再也得不到鱼了。

只有那个一直学捕鱼的青少年，随时可以到江边去抓鱼。其他青少年到现在才知道后悔："唉，早知道这样，当初就不该只要鱼，而应该跟大叔学捕鱼才对。"

其实教育青少年也和故事中捕鱼的渔夫一样，不是要给青少年鱼，而是要教青少年捕鱼的技术。一旦渔夫不在的时候，他们照样能捕到鱼，照样能生存。

维护青少年的决定

青少年在成长的过程当中，难免会有自己的想法和决定。对此，父母应该维护青少年的决定。即便青少年的这个决定并不是那么完美；即便自己的决定和青少年的截然不同，父母仍然允许青少年表达自己的想法，允许青少年维护自己的决定。

这不仅是对青少年的尊重，而且也是对青少年的一种鼓励。当然，在青少年做出错误决定的时候，家长可以表示自己的看法，如果青少年发现自己的想法错了，对青少年发现更合理的做法而表示欣赏。重视和允许青少年的想法，这有助于青少年慢慢学会正确的

判断。

懂得改变自己的身份

在青少年成长的过程中，父母的身份一直都是变化的。从最初的守护者到最后的被守护者，父母对于青少年的控制应该越来越少，最后消失。聪明的家长会懂得适时改变自己的身份。特别是在青少年已经拥有自己的意识的时候，父母的意识就应该隐藏起来，让青少年的意识来控制他能控制的所有事情。

渐渐地，父母不再是强大、不可抗拒的大人，而是友好的陪伴者，家长有时也可以放弃自己的观点，听从孩子的意见。身份变了，父母所要做的事情也就变了。

心灵悄悄话

要想摆脱青少年对家长的依赖思想，父母应该循序渐进地进行，慢慢地培养青少年的独立意识。

培养独立意识

孩子从呱呱落地到长大成人、成家立业，是一个从依赖到独立的过程。在这个过程中，青少年的独立意识是逐步建立起来的，而这个逐步建立的过程就是家长培养青少年独立意识的过程。

那么，家长如何才能培养青少年的独立意识呢？

给青少年适当的发言权和自主权

青少年或许还不太懂得很多道理，在遇到很多事情的时候，还没有成熟的思维，但是这并不能成为家长不给青少年发言权和自主权的借口。作为家长，要知道一点：任何一个青少年的独立性和自主性，都是从这些不成熟的发言和自主中形成的。

如，家长在孩子很小的时候，可能会给孩子喂食，但是在孩子长到二三岁的时候，孩子已经渐渐地能够自己吃饭了，虽然不是吃得特别好。如果这个时候父母还不给他们自己吃饭的机会，那么毫无疑问，这些青少年永远都不会自己吃饭。

作为家长，不要一贯地以为孩子还小，什么都不懂。其实我们不妨反过来想想：如果你不让青少年参加任何事情，那青少年怎么会懂呢？

一个12岁的少年离家出走3天之后，被警察给找到了。当警察要想送他回去的时候，他死活都不愿意走。警察很奇怪，问他为

什么。

　　他的回答让在场的警察都吓了一跳："我在家里没人权！"

　　警察问："没人权！什么意思？难道你父母虐待你？"

　　他说："我在家里根本就没有地位，没有发言权，没有做主权。我现在已经 12 岁了，但是父母却永远把我当成一个小孩子。以前，我是小孩子，不懂事，参与也是调皮捣蛋。现在，我已经长大了，已有分辨是非对错的能力，可每次家人一有事，就把我哄到一旁，说：'大人们有事，孩子别捣乱！'于是我就被强行'驱逐出境'，这让我感觉很不好。所以我不愿意回家。"

　　其实在中国家庭里面，这个少年遭受到的"不公正"待遇并不少见。因为家长出于各种各样的考虑，忽略了青少年的想法。这对于青少年来说，就好比他不是这个家庭中的一分子一样，被强行地排除在外。遇到这种情况，任何一个人都会反抗，包括孩子在内。所以，家长在培养青少年独立意识的时候一定要注意到这一点。

　　每个人都有每个人的行为模式，即便是青少年也是一样，这也是每个人独立性形成的一个重要原因。可是在很多家庭中，很多父母并没有意识到这一点，总是对青少年的一些行为模式指指点点，甚至强加干涉。这种教育很容易导致青少年养成过于依赖父母的不良习惯。所以，家长应当注意教育青少年自觉地、主动地、独立地调节自己的行为，而不是事事依靠父母的督促、管理。

　　如很多孩子总是不能在规定的时间内完成任务，可能是因为拖拉、因为受到其他事情的影响，很多家长便会想方设法地提醒孩子，以免孩子耽误事情，久而久之，青少年就会养成一种习惯，如果父母不提醒，孩子就不会主动把握时间。

　　而要想让青少年自觉地、主动地、独立地调节自己的行为，就是要让青少年自己学着控制时间，而不是由父母帮助自己控制时间。逐步培养青少年学会自觉地计划和检查自己的学习和活动的习惯，父母不要包办。

让青少年学会"自我服务"

在现实生活中，许多家长都非常重视青少年的智力教育，却忽视青少年的自主生活能力的培养。很多青少年虽然成绩很好，但是最基本的生活都不会自理，成为家庭中所谓的"小皇帝"。之所以会出现这种局面，就是因为青少年没有参加自我服务劳动的机会，因为父母什么家务也不让孩子干，甚至上了小学，孩子的吃饭、穿衣还由家长包办。

父母事事为孩子包办，势必会降低青少年的动手能力、思维能力、解决问题的能力、自主能力……这些青少年长大之后就是"白痴天才"，同样不会有好的生活。

所以，对于家长来说，应当放手让青少年参加自我服务劳动，让其学会照料自己的生活，诸如穿衣、系鞋带、梳头、洗脸、吃饭、整理书包、收拾房间等，父母还应当让青少年经常参加一些家务劳动，如帮父母洗菜、购买物品、打扫卫生等，父母尽量不要代替青少年包办这一切。要知道，如果你这样做了，就是在害你的孩子，而不是在爱你的孩子。如苏霍姆林斯基所指出的那样："经常化的自我服务劳动能使劳动变为人人都负担的平等的普遍义务，并使青少年感受到，通过自我服务的劳动，能使生活变得更美好、更快乐、更可爱。"

教育青少年要自行控制时间

在青少年的世界中，时间是最抓不住的东西。很多青少年都有这样一个共同的感受：自己稍微多玩一会儿，做作业的时间就没有了，因为上床睡觉的时间又到了。还有相当多的青少年因为做事喜欢磨磨蹭蹭、拖拖拉拉，没有任何的效率观念和时间观念，所以经常跟不上

别人的步伐。不能控制自己的时间，也是一种独立性缺乏的表现。

所以，要想提高青少年的独立意识，父母应教育青少年有效利用时间，让其学会对时间的统筹安排。应注意让青少年养成今日事情今日完成、珍惜时间、节约时间、遵守时间、合理安排时间的好习惯。

时刻记得咨询孩子的意见

当青少年慢慢长大，他会希望自己被别人肯定，而被肯定的方式之一就是别人在做某些事情的时候能咨询他的意见，这是青少年独立性表现出来的一种形式。家长就应该抓住这个良好的教育机遇，咨询孩子的意见。比如家里的花销添置、人事来往，并请孩子谈谈自己的看法，或者请孩子出主意想办法。当父母经常聆听他们的意见、采纳他们的有价值的建议的时候，孩子心中就会油然而生对家庭的责任感。

很多家长没有考虑到这一点，在青少年尝试着提出自己意见的时候，家长不但不给予肯定，还打消孩子的积极性，比如说："你还小、你不懂。"其实在某些时候，孩子的意见往往是正确的，所以父母们要尽量给孩子一些锻炼的勇气和机会，这样便能渐渐地培养出孩子的独立能力。

不要替青少年选择和设定生活模式

有的父母为了不让青少年的生活出现混乱局面，而给青少年种种"指导"，甚至帮助青少年选择和设定他们的生活模式，几点钟起床、早餐吃什么、中午几点钟之前必须回家、只能和哪些人交朋友……

很显然，父母这样教育孩子对青少年来说，伤害是很大的。久而久之，会丧失独立性和克服困难的意志与能力。

"妈妈总喜欢什么都给我安排好：衣服应该这么穿，出去玩应该带什么吃的，每天应该几点睡觉……总之我做的好像都不对，要是没有按她安排的做，她就会很生气"。

因为小南是住宿生，几乎每一周，母亲都会过来"探望"她，而所谓的"探望"其实就是告诉她应该做什么、不应该做什么……刚开始几次，小南还觉得这是妈妈爱自己的表现，但是渐渐地，小南觉得自己的生活被母亲压抑了，于是，慢慢地出现了反抗情绪。

所以，小南和母亲的关系一度非常紧张，而可怜的母亲却不知道为什么自己如此辛苦地付出，小南却还不知足。

妈妈喜欢给孩子安排一切，初衷是希望通过把自己的经验传授给孩子，让孩子少走弯路。但是，这种安排应该有限度，并且这种安排不是指手画脚地干涉，而是一种方向性的引导。

不要过于担心孩子

在中国，几乎每一个父母都会担心自己的孩子，并且循着这种担心，父母会在无意识当中把孩子紧紧"拴"在自己身边。

可是，在美国，家长却非常注重从小培养孩子的独立能力：孩子尚在幼儿时，父母就放手让他们在力所能及的范围内独立活动。小孩长到 1 岁左右能吃饭时，父母就将其放在一个小椅子上，面前摆一张放着食物的小桌子，让其独立用小叉子乃至用小手去大吃大嚼，如果孩子不愿意吃，父母绝不去喂他，也不给零食。饿了的孩子，到下一顿会乖乖地自己吃饭。

睡觉也是如此。孩子很小时候就独自在围着护栏的小床上睡觉，大多数从婴儿时就独居一室，父母只是半夜起来看几次。

可是在中国，许多父母总是过于担心自己的孩子，什么都不让孩子动手，什么都代替孩子去做，殊不知这种痴情的爱子方式，会使孩

子养成依赖的心理，甚至滋长四体不勤的祸根。

改变教育观念，给予爱也要索取爱

现有的教育观念一直在提倡父母要为孩子付出更多的爱，却没有提倡父母从孩子那里索取更多的爱。这种不对等的关系使得很多家长总觉得自己付出了很多，而孩子却一直没有认可父母的付出。

所以，现在的家长应该改变自己的教育观念，在爱孩子的同时，也让孩子付出自己的爱。因为只有这样，才会让孩子感受到自己的重要性，才会让孩子自动自发地为家庭多做事，承担起自己应该承担的责任。其实这同样是一种独立性的表现。

家长索取爱的最好方式就是让孩子做自己力所能及的事，比如，打扫房间、让孩子帮助自己做一些小事情等。也许孩子最初会做得不够好，但妈妈尽量不要挑剔，而是示范给他看，哪怕是一点进步也要表扬。

孩子的独立能力就是他以后的生存能力。家长如果一味地包办，就会扼杀孩子的独立意识。这也就等于扼杀孩子的生存能力，让孩子不能在将来的社会生存下去。这，难道是天下父母所要看到的结局吗？

心灵悄悄话

一个不懂得独立、没有独立意识的青少年，不仅不懂得如何去交际，而且不会在以后的生活中很好地生存下去。

做自己能做的事

　　早晨，孩子磨磨蹭蹭不穿衣服，父母急急忙忙给穿上；

　　孩子不小心摔倒了，趴在地上不起来，别人要把他抱起来，他哭着趴在原处，嘴里喊着："妈妈抱、妈妈抱。"妈妈急忙跑过去抱起孩子，孩子才止住哭声；

　　妈妈送孩子上学，孩子哭闹不止，问其原因：妈妈忘了给他带上课本，急着上班的妈妈不得不返回家给他拿课本；

　　孩子不好好吃饭，家长在孩子玩的时候忙里偷闲喂他一口，并且还需要好言相劝，孩子才张开金口；

　　放学回家，孩子不好好做作业，家长威逼利诱，孩子才极不情愿地摊开作业本……

　　或许我们对以上的场景并不陌生，或许这就是我们身边一些家长行为的真实反映。不过让人觉得很奇怪的是，这些当家长的为什么不告诉孩子：这是你自己的事情，你应该自己想着呢？没有意识到还是不忍心？

　　无论是出于什么目的，家长的这种教育方式都将导致一个结果：青少年缺乏独立性。

　　那么家长应该怎么做才能让青少年动手去做自己能做的事呢？

　　孩子摔倒了，站起来是他自己的责任；

　　上课要带好书本，也是孩子的责任；

　　什么时候起床、吃早饭、上学同样是孩子的责任；

　　身为父母，我们不能包办孩子的一切，但是我们可以告诉孩子：

哪些事情要他自己去负责，自己去做。不要等着让父母来做，父母有父母自己的事情。

如果家长总是把青少年当成老母鸡翅膀保护下的小鸡，那么等青少年长大了，他们非但不能尝试着去闯世界，而且也会成为一个没有主见、不能自立的人。

有人曾经问一个叫文文的女孩："你平常洗袜子吗？"

文文回答："不洗。"

"那平时都是谁给你洗的？"

"妈妈给我洗。"

"如果妈妈不在家呢？"

"那只有请爸爸来洗了。"

那人接着问道："如果爸妈都很忙，没有时间给你洗呢？"

"那就放着，等他们有时间再洗。"

"以后你长大了，谁给你洗？"

文文很坦然地回答："长大了还是妈妈洗啊！"

"那你为什么现在不学着自己洗啊？"

"妈妈说了，脏袜子、脏衣服放在那里，她来洗啊！"

培养青少年的生活自理能力

为什么同龄的青少年，有的青少年能帮家长做很多事情，而有的青少年却什么都不会做，还要父母伺候着呢？原因很简单，后者的家长没有培养青少年的生活自理能力。同样的道理，为什么过去的孩子3岁就能帮助父母打酱油，而现在3岁的孩子有的还不知道酱油为何物呢？答案还是一样，现在的父母没有培养孩子的生活自理能力。

"妈妈，我要吃粽子，你给我剥一个粽子！"冲冲对着妈妈嚷道。

"冲冲，妈妈和你比赛，一人剥一个粽子，看谁剥得又快又干净好吗？"妈妈并没有马上给冲冲剥粽子，而是引导冲冲自己的事自己做。

冲冲一听，赶紧拿了一个粽子，很认真地剥了起来。妈妈刻意输给了他，胜利的喜悦使得冲冲的笑容格外灿烂。任何一个孩子都有一定的生活自理能力，关键就要看父母愿不愿意培养。

让孩子自己去解决问题

很多家长对于孩子的照顾过于无微不至，什么都替孩子想了，什么都替孩子做好了，而孩子唯一能做的就是按照父母的想法生活，以至于哪天当父母不能替孩子着想的时候，孩子却慌了手脚，不知所措。

所以，家长在照顾孩子的时候，不能替孩子想太多，要让孩子自己去解决问题。只有这样，孩子才会不断地积累处理问题的经验，才能动手去做自己能做的事情。

曾在书上看过这样一个故事：

有一个8岁的中国女孩来到在加拿大留学的爸爸妈妈身边。在国内，她是家里的"小公主"，可是到了国外，她就变成了照顾别人家孩子的小保姆。

那户人家有两个男孩，一个4岁，一个2岁。妈妈要给他们喂饭、带出去玩，还要打扫卫生。8岁的中国女孩要帮助妈妈盯着他们，别让他们摔了，还得跟在他们后面收拾玩具。

小女孩刚开始不能适应，她照顾的那两个小孩子总是抓她的头发、抢她的发夹做玩具，扯皱她的衣裳……而且喜欢跑动，她必须时

刻跟在他们后面，不让他们在玩耍中弄伤自己。这样，小女孩不但不能自由地玩，还要以一个小管家的身份陪伴着他们。

这样过了三天，小女孩哭闹着，无论如何也不肯再去了。

妈妈告诉女儿："我们是穷学生，必须打工挣学费。如果你不想去也可以，你可以自己寻找办法解决你的学费。"说完，妈妈头也不回地走了。

小女孩看着妈妈的眼神，知道自己还得跟着妈妈一起去，只好委屈地跟在妈妈身后。就这样，小女孩在国外生活了5年。也"工作"了5年，在这5年时间里，她学到不少东西，当然，也挣了不少钱。她再也不是5年前的那个"小公主"了。

对于女孩的变化，女孩的妈妈这样回答：你替孩子想得越少，孩子自己就会想得越多。

提醒孩子怎么做

很多家长在发现孩子某些事情没有做好的时候，首先想到的就是：这点小事自己做就行了，让孩子去做反而更麻烦。从表面上看，事情确实如此，父母做这件事说不定只要1分钟，但是孩子做可能要10分钟。

但是，家长应该反过来想想，孩子如果没有这10分钟的锻炼机会，怎么可能有以后1分钟的办事能力呢？所以，家长在遇到这种情况的时候，要做的是提醒孩子该怎么做，而不是代替孩子去做。

妈妈要求家人洗澡后把换下的衣服放进洗衣机。可8岁的王刚经常忘记，于是妈妈让他用本子记下洗澡后该做什么事，提醒自己不要忘记。甚至妈妈还要求王刚将妈妈的要求做成小纸条，贴在墙上，以便随时能看到。

爸爸很不理解妈妈的行为，说："他没放，你放一下不就可以了吗？何必这么兴师动众呢？"

妈妈微微一笑说："如果你今天替他做了，下次他还会忘记，下下回还会忘记，我们能替他做一辈子吗？"

听了妈妈的话，爸爸明白了。

从此以后，王刚再也没有忘记把脏衣服放进洗衣机，一家人都为他的进步感到自豪。

正面教育刺激孩子自己动手

在教育孩子要动手去做自己能做的事情的时候，应该通过多种正面教育活动来进行。使孩子通过学习、模仿，学会自己的事情自己做，增强自理的意识和能力。对孩子的各种自理行为，不管结果如何，家长都要及时进行表扬和鼓励。

早晨爸爸妈妈急着上班，美美却要自己穿衣服。面对孩子自己动手穿得很不整齐的衣服，妈妈没有冲着美美发火："我早说你不会，你偏要自己来，看！穿成什么样子了？只会添乱！"而是表现得异常欣喜，还赞赏美美："哟！今天你自己穿衣服了，真能干！如果这个地方再整理一下就更好了。"

显然，美美受到了妈妈的鼓励，不仅衣服越穿越整齐，而且独立做事的兴趣和信心也越来越强了，久而久之，自理能力也越来越强。

别怕孩子犯错

孩子从小就有帮助家长做事情的愿望，只是因为能力有限，经常

会把事情搞砸了。如 2 岁的孩子可能会帮家长拿东西，并且将东西掉在地上。这个时候，作为家长，不能批评孩子的错误，而应该进行鼓励："……下次是不是应该小心一点啊？……"切不可像某些家长那样，因为怕孩子犯错，而拒绝孩子做一些事情。这对青少年来说，无疑是不公平的。

岚岚想给妈妈倒杯水。水倒好了，她拿着杯子走过来，一不小心把水洒在沙发上。妈妈马上把岚岚拉开，一边收拾残局一边心疼地说："你还小，不能自己倒水，以后要喝水，叫妈妈给你倒！"

岚岚回答："妈妈，我是想给你倒水喝。"

妈妈不但没有给予岚岚鼓励，反而告诉岚岚："妈妈要喝水，妈妈自己不会倒啊？你看你现在搞得！"

晚餐结束后，妈妈收拾桌子，岚岚主动帮妈妈端盘子、收筷子，妈妈忙说："快放下，你会打碎它的，等你长大以后再帮忙，出去玩吧！"

渐渐地，岚岚变得越来越不爱动了。

小心"关心"过了头

很多家长疼爱青少年，关心青少年，这并没有错。但是千万不要关心过了头，否则将会起反作用。

某小学开学第一天，在教室里大扫除的不是一群孩子，而是这些孩子的家长。这些家长又是擦玻璃又是拖地，把学校安排给青少年的大扫除劳动全部代劳。老师刚宣布哪些孩子做哪些事情，这些家长就你抢抹布我拿笤帚地干了起来，不一会儿教室就被打扫干净了。

为什么会出现这种情况呢？原来这些家长心疼孩子，越俎代庖，

不仅把学生的工作包揽了，还把老师的工作抢了过来。家长见老师还站在窗户上擦玻璃，这些家长不由分说又登上窗台，快速地擦了起来，而老师只能任凭这些"热情"的家长在教室里忙碌。

这个学校的一个老师说，开学要学生做集体劳动时，家长也都来帮忙，现在搞得学校都不敢让孩子搞这些集体劳动了。这些家长都是自愿来的。他们觉得孩子太小，做卫生不放心，再说这一点活儿，家长三两下就做了，不必要孩子来做。

适当做一个"懒"家长

家长总觉得教育孩子应该含辛茹苦、兢兢业业，其实并不是只有这样做的家长才是好家长，适当做一个"懒"家长，对于青少年来说，或许更加有利一些。

虹虹妈妈就是这样一个"懒"家长：

虹虹妈妈教育孩子很有一套，她从来不会因为虹虹而耽误自己的事情。她从来不陪虹虹做作业，也不会一字不漏地帮虹虹检查作业，不帮虹虹洗臭袜子……很多人都说，虹虹妈妈根本就不像是带小孩的妈妈。

刚开始，虹虹爸爸还经常提醒虹虹妈妈要多把心思放在孩子身上，不能自顾自地玩了。但是虹虹妈妈却反驳道："孩子你管得越多，她越会产生抵触情绪。到时候，你即便管得再多，也是无济于事的。"

事情果然如虹虹妈妈所说的那样，虹虹不仅懂得了做好自己的事情，还会经常反过来"教训"妈妈："妈妈，你的东西怎么不收拾好？""妈妈，你的衣服放洗衣机里呀！"妈妈便装着很听话的样子，乐呵呵地按虹虹的指点做好。虹虹这时候会很得意，妈妈便趁机表扬她。得到表扬的虹虹便越发能干了。

自立

那么各年龄段的孩子，究竟做哪些事更为合适？结合发达国家和我国一些成功家长的做法，为家长提供以下参考：

6~8岁：给花浇水；削水果皮；用微波炉热食物或做简单食物；把自己的衣服挂在壁橱里；清理干净橱柜。

9~10岁：换床单；会操作洗衣机；会做比较简单的饭菜；去邮局取邮品，能独自回信；能招待客人；自己筹划生日会或其他聚会；做邻里间的公务劳动；做些手工编织。

10~11岁：自己待在家里，支配一定数目的钱，一般不超过20元；自己乘坐公共汽车。

11~12岁：自己出门办事（短程）；帮父母打扫房间；清理厨房；帮家里人办一些外面的事。

心灵悄悄话

孩子一会走就什么事情都想去干，但是他们还太小，能力有限，常常会把事办糟。这时，家长就应鼓励他们试一试，不要一味地责怪或制止他们的行动。

以自我为中心

《庄子·天运》中有一篇《东施效颦》的故事：

西施病心而颦其里，其里之丑人见之而美之，归亦捧心而颦其里。其里之富人见之，坚闭门而不出；贫人见之，挈妻子而去之走。彼知颦美，而不知颦之所以美。

这则故事说的是西施心口疼痛而皱着眉头在邻里间行走，邻里的一个丑女人东施看见了认为皱着眉头很美，回去后也在邻里间捂着胸口皱着眉头。邻里的有钱人看见了，紧闭家门而不出；贫穷的人看见了，带着妻子儿女远远地跑开了。东施只知道皱着眉头好看，却不知道皱着眉头好看的原因。

要想成功，就要学会自立，找到自己的天空，研究学习别人做得好的深层原因，而不是简单生硬地模仿。

那英是我国流行乐坛上一颗耀眼的明星，但也许你还不知道，她初闯乐坛时，却是以苏芮的替身而出现的。由于她的音色与苏芮相近，因此在她早期的演唱活动中，以模仿苏芮而为人所知，她的演唱可以达到乱真的程度。她曾录制过一盘名为《苏芮新歌》的带子，流行甚广。但那时，那英基本上还没有什么名气，音乐圈流行什么，她就学什么、唱什么。1990年以后，那英在听苏珊·维格和赛德等世界级大歌星的歌曲中突然有所领悟。她后来说："我从她们的歌声中发现，流行歌曲的演唱并不就是'西北风'式的唱法，也许在本能的音色上才能唱出真正动人的东西，这给我以很大的启示。她们的风格并

不连喊带叫，我恍然大悟。以前总认为只有连喊带叫才能证明自己是个实力派，尤其是1988，到1990年，回头一想真是幼稚无知。"

后来，她逐渐脱离了苏芮的影响，形成自己的风格。在1992年的"奥林匹克风"演唱会上，那英与苏芮同台献艺，但两人的声音和风格已完全不一样了。那英终于找到了最能显现自我个性的唱法，表现出不凡的实力和良好的发展潜力。

不要为自己树立偶像，那样我们纯粹的自我会得不到展现。要相信自我才是一切的根源，源于自体生命的灵魂才是最终极的原创风格。

"我是一切的根源"，还意味着自信自立，相信自己的力量可以成就自己的人生。

有个贫穷的工人在帮农场主人搬运东西时，不小心打破了一个花瓶。农场主人看见后，要求他一定要赔偿，但是三餐都成问题的工人，哪里赔得起这么昂贵的花瓶呢？苦恼的工人只好到教堂，向神父请教解决的办法。

神父听完工人的问题，他说："听说有一种能将碎花瓶粘好的技术，不如你去学习这种技术，只要能将这个花瓶修补、复原，问题不就解决了？"工人听完后却摇了摇头，说："哪有这么神奇的技术？要把这个碎花瓶粘得完好如初，根本是不可能的事。"神父指引他说："这样吧！教堂后面有一个石壁，上帝就在那里，只要你对着石壁大声说话，上帝便会答应你的要求，去吧！"于是，工人来到石壁前，大声对着石壁说："上帝，请您帮帮我！只要您愿意帮助我，我相信，我一定能将花瓶粘好！"工人的话一说完，上帝便立即回应他："一定能将花瓶粘好！"

工人真的听见了上帝的承诺，于是，他充满自信地向神父辞别，朝着"复原花瓶"的高超技术迈进。一年以后，经过认真学习与不懈努力，他终于学会了粘贴碎花瓶的技术。他将农场主人的花瓶复原得天衣无缝，令人赞叹！这天，他将花瓶送还给农场主人后，再次来到教堂，准备向上帝道谢，谢谢上帝给予的协助与祝福。

神父将他再次带到教堂后面的石壁前，并笑着对诚恳的工人说："其实，你不必感谢上帝。"工人不解地看着神父："为什么不必感谢？要不是上帝，我根本无法学会修补花瓶的技术啊！"神父笑着说："其实，你真正要感谢的人，是你自己啊！因为，这里根本就没有上帝，这块石壁具有回音的功能，当时你听到的'上帝的声音'，其实就是你自己的声音啊！你，就是你自己的上帝。"

人要勇敢地相信真正能主宰自己命运的人，不是别人而是我们自己。当你相信自己能够改变命运时，便会慢慢地移动步伐，一步步地实现心中的愿望，实现每一项"不可能的任务"。求人不如求己，只有你是才自己命运的掌舵者，只有你才是你自己的上帝。

有一个美国小男孩，父母在生活上对他要求很严，平时很少给他零花钱。8岁的时候，有一天他想去看电影，身上却无分文。是向爸妈要钱还是自己挣钱？他第一次开始思考这样的问题。最后，他选择了后者。他自己调制了一种汽水，把它放在街边，向过路的行人出售。可那时正是冬天，没有人购买，最后只等到两个顾客——他的爸爸和妈妈。他依旧不停地寻找机会。

一天吃早饭时，父亲让他去取报纸——送报员总是把报纸从花园篱笆中一个特制的管子里塞进来。想看报纸时必须到房子的入口处去取，需要走二三十步路是非常麻烦的事情。当他为父亲取回报纸的时候，一个主意诞生了。当天他就挨个按响邻居的门铃，对他们说，每个月只需付给他1美元，他就每天早晨把报纸塞到他们的房门下面。大多数人都同意了，这个小男孩很快就有了70多个顾客。一个月后，他第一次赚到了一大笔钱。那时候，他觉得简直是飞上了天。但他并

没有满足现状。经过一段时间的思考，他决定让他的顾客每天把垃圾袋放在门前，然后由他早晨送报时顺便运到垃圾桶里——每个月另加1美元。他的客户们很赞赏这个点子，于是他的月收入增加了一倍。后来他还为别人喂宠物、看房子、给植物浇水，他的月收入随之直线上升。

一年后，他开始学习使用父亲的电脑。他学着写广告，而且开始把小孩子能够挣钱的方法全部写下来。因为他不断有新的主意，有了新主意就马上实施，所以很快他就有了丰厚的积蓄。他母亲帮他记账，好让他知道什么时候该向谁收钱。后来，他雇佣别的孩子帮忙，然后把收入的一半付给他们。

一个出版商注意到了他，并说服他写了一本书，书名叫《儿童挣钱的250个主意》。因此，他在12岁时，就成了一名畅销书作家。后来电视台邀请他参加许多儿童谈话节目，他在电视里表现得非常自然，受到许多观众的喜爱。到15岁的时候，他有了自己的谈话节目。17岁时，他已经成了百万富翁。

脱离对别人的依赖，独立发展和锻炼自己，扔掉拐杖，不是一件非常困难的事情。自力更生和战胜自己能够教会一个人从自身力量中汲取动力。在这种动力的激发下，不仅不会变成不幸和痛苦，相反，通过吃苦耐劳、坚韧不拔的自助实干，能够唤起人们奋发向上的激情，并为之勇敢地战斗。

心灵悄悄话

跟在别人身后亦步亦趋，只会使你失去自信，不敢轻易尝试。我们每个人都有自己的处事方法与为人之道，别人做事的方法在他那里管用，但未必就适合你。

第二篇 >>>

培养自立个性风度

　　伟大的革命导师马克思曾经说过：人是各种社会关系的总和。每个人都不是孤立存在的，他必定存在于各种社会关系之中。如何理顺好这些关系、如何提高生活质量，就涉及社交能力的问题。对于青少年而言，良好的人际交往能力及良好的人关系是其生存和发展的必要条件。在不断的人际交往中，他们应该学会自立。只有这样，才能使其更好地形成与发展健康的个性品质。

　　在人生这场旅程中，有太多的东西值得我们去学习，去鉴赏，去领悟，去追求，追求那种豁达的气质。

自立之美

汉朝《后汉书》中曾道："且开心见诚，无所隐伏，阔达多大节，略与高帝同。"意思是敞开自己豁达的胸怀，能表示自己的诚意。那么待人就能更加诚恳，更真心更实意。三国时期的军事家、政治家曹操也曾说过：山不厌高，海不厌深，周公吐哺，天下归心。这就是豁达的自立之美。可见，保持一种豁达之美乃是人生一大精华。

有这么三种人：一种人离生活太近，不免陷于利害的冲突；一种人离生活太远，往往又成了不食人间烟火的隐士；还有一种人与生活保持着一种恰当的距离。这种人也就是人们常说的豁达之人。

豁达，是一种境界，是一种自立的美。

豁达，人生的资本

以前有一个高官李定，曾因母丧之后不带孝而引起人们唾骂。苏东坡的攻击最凶，诬陷他的理由是他出身贫寒，说他浪得虚名，这分明是嫉妒。又如王圭，他自称文章天下第一。对苏东坡的检举也是鸡蛋里挑骨头。当有人偷偷地告诉苏东坡他的诗被检举揭发了的时候，他先是一怔，然后笑道："这下不愁皇帝看不到我的诗了。"不是谁都能如此镇定的，也不是谁都有这般胸怀的。然而，邪恶的力量越来越大了。最后，苏东坡被关了起来，然后是屈打成招。但是，邪恶终究战胜不了正义。他没有被斩，而是被贬黄州。

自立

其实豁达很简单，人生中很多的事情不是想象中的那么完美，需要怀有一个豁达的人生信念，这样你就获得了你的人生资本。自立就会在豁达的一面充分地体现出来。

豁达象征着深刻。豁达的人能深刻地认识世界和人生；豁达表现沉着，具有豁达品格的人能沉着地对付所面临的社会、人生方面的诸多问题。豁达是领悟人生真谛的反映，是人性日臻完美的标志，是学问和人品之大成，是通过学识优化气质的表现。豁达是苦学的结晶。豁达的人总是"有关家国书常读，无益身心事不为"，"一刻千金，不负青春"，"腹有诗书气自华"，"心追墨趣人不老"。正如陆游的一首诗："六十余年妄学诗，功夫深处独心知，夜来一笑寒灯下，始是金丹换骨时。"

拜读完他的诗句，我心里感触很深！是啊，豁达是一种生活的姿态。豁达了你就不会去斤斤计较生活里的得失，豁达了你就能在平凡的生活中寻找到快乐。豁达了，你不但能自己在平凡的生活中寻找到快乐，还能把你寻找到的快乐送给别人。豁达是一种待人处事的思维方式。它一部分来源于性格，但更多的缘于修炼：性格的修炼，心性的修炼，学识的修炼，境界的修炼。豁达是人智慧中不可缺少的一部分，豁达的人是最完整的人。

豁达是一种素养，尖刻、势利、贪婪、嫉妒，以及舍我其谁、四面树敌的傲慢，几乎与之无缘，更不会文过饰非。甚至暗箭伤人；豁达又是一种宽容，有人对不起他，他不会记人一辈子，他知道，"海纳百川，有容乃大"。

豁达是一种开朗。豁达的人，心大，心宽，悲愁痛苦的情绪都在嬉笑怒骂、大喊大叫中撕个粉碎。我们要按生活本来的面目看生活，而不是按着自己的意愿看生活。风和日丽，你要欣赏，光怪陆离，你也要面对，这才自然，你就不会有太多牢骚、太多的不平。

豁达是一种自信，"自信人生二百年，当会击浪三千里"。自信思想和人品的升华，可以使他通达美妙的人生境界，不会卷入世俗的牢笼，虚度年华；豁达又是一种谦虚，天不言自高，地不言自厚。大智若愚，沉默是金。

豁达是一种生活艺术。豁达的人既不离金钱物欲太近，不追逐时尚或与人争利；也不离现实生活太远，不但不做远距人间烟火的隐士，还要不断为使自己和他人更好地吸纳人类现代文化及全面提高生活质量而努力奋斗。豁达使人与生活保持恰当的距离，有可能实现境界理想化和生活现实化的完美统一。

豁达是一种人性之美。豁达的人生活充实，情趣高雅，心胸浩瀚渊深，像森林，清新沉静；像大江大河，不顾周边的污秽，直奔大海。豁达的人的神经健全，躯体壮实，能尽情欣赏如画如诗的世界，使生活充满乐趣和欢乐。豁达，能够使我们通达泰戈尔所说的美妙境界："生如夏花之绚烂，死如秋叶之静美"。

余秋雨先生在《苏东坡突围》一文中说，苏东坡经过自省，经历了整体意义上的脱胎换骨。经过黄州这场浩劫，苏东坡并没有因此而倒下，而是以他豁达的胸怀包容了一切。他，真正的成熟了。在这种背景下，《念奴娇·赤壁怀古》和前后《赤壁赋》马上就要应运而生。

自立需要我们豁达

我们只有在慢慢地品味中才会知道生活的酸甜苦辣、是非曲直、喜怒哀乐。这样我们才会从容不迫地面对任何问题，我们也才会真正懂得什么是生活，怎样生活，我们才会自信地驾驭人生。生活对于每个人来说都是一种财富，并且是用金钱无法衡量的财富。无论曾经经历过多少坎坷与曲折，生活都能赋予你人生价值。在人生这场旅程中，有太多的东西值得我们去学习，去鉴赏，去领悟，去追求，追求那种豁达的气质。

自 立

　　庄子的妻子去世了，庄子的朋友惠子去祭奠。出乎人的意料，庄子非但没有悲悲凄凄，反而"鼓盆而歌"。惠子说："不哭亦足矣，又鼓盆而歌，不亦甚乎！"庄子曰："不然。是其始死也，我独何能无概！然察其始而本无生；非徒无生也，而本无形；非徒无形也，而本无气。"庄子认为生命本就起于无形，不仅无形，而本无气，如今她虽然死了，却是回归了生命的原本。死生犹如昼夜交错，故生不足喜，死不足悲。人们大多不了解此理，所以有悲乐之心。既然这样，我为什么要那么忧伤呢？我应该为她归于生命的原本而高兴啊，否则我就是不明生死之理，不通天地之道了！鼓盆而歌是因为看穿了事物的本质而表现出来的道家的无为思想。这是一种智者的豁达。也许我们都无法做到庄子这般豁达，但的确能给我们以启示。

　　其实在生活当中，人人都能以不同的角度理解豁达的涵义，人人都在用心追求豁达大度的意境。然而，却很少有人能真正地成为一个豁达的人。

　　其实，一个人的快乐并非因为他拥有得多，而在于他计较得少。很多人都知豁达能给自己带来愉快，但又无法停止各种猜疑，乃至陷入世事纷争而不能自拔，没一天安稳日子过。久而久之就走向了豁达的对立面——狭隘。狭隘的人斤斤计较，容不得一丝一毫的吃亏。狭隘的人要变得豁达，首先就要摒弃各种世俗杂念，不去理会那些堵塞心胸的噪音、玷污举止的画面；其次要善于原谅人，多和诚恳之人交朋友，从他们身上学习为人处世之道。生活中许多糟糕事，听了见了徒增烦恼，不如不听不看。那么当你闭上双眼，就能看到心中无限的世界美轮美奂；当我们掩上双耳，就能听到大自然生机盎然的勃发之声。

　　豁达可以让世界海阔天空，豁达可以让争吵的朋友重归于好，豁达可以让多年的仇人化干戈为玉帛，豁达可以让兵戎相待的两国和平友好。俗话说，多一个朋友总比多一个敌人强。在此，豁达就是这样一种大智慧。

　　世界首富比尔·盖茨曾说过："没有豁达就没有宽松。无论你取得多大的成功，无论你爬过多高的山，无论你有多少闲暇，无论你有多少美好的目标，没有宽容心，你仍然会遭受内心的痛苦。世界上最大的是海洋，比海洋更大的是天空，比天空更大的是人的胸怀。"

　　那么，只有学会豁达地与人相处，自立就慢慢地在生活中形成，在构建人际交往中也会更加地完善。

心灵悄悄话

　　生活本身就是一部哲学书，我们每个人必须仔细品味它，才会有所收获。在豁达中表现自立的本质，在自立中体现豁达的品质，这就是我们需要的最基本的人生本质。

第二篇　培养自立个性风度

拥有气质美，坚定自立

美不是装饰出来的外表，美是天然形成的特质。它具有天然性、内在性、特殊性。一个真正美的人，不光表现在外表，更主要的是内心。善良是一种美，勤劳是一种美，清淡的打扮是一种美，简约的装束是一种美，独特的气质是一种美，丰富的学识那是另外一种特别的美。气质美是后天的一种美，它集学识、锻炼、修养于一身。这类人大都有一份独立的人格。

有人说，学识是一种美。学识是高山，是大海，是天空和大地，是包容，是鲲鹏和参天的大树，是弥漫无边的风，是青草和花朵，是永远的郁郁葱葱，是永远唱不完的歌。而那些有学识的人，总会带着一种优雅，带着一种自信，带着一种从容，带着一种由内向外散发的不可抵挡的魅力。他们大都经历了岁月的洗礼，淘尽了身上的浮华，展现出来的，是一种沉静，一种怡情悦心的品质美、气质美和学识美。

在抗美援朝时期，很多人都因为打仗而生活缺乏物质保障，更不要提打仗了。在这个危机的情况下，唱《谁说女子不如男》的豫剧艺术家常香玉用唱戏的收入一个人为国家捐赠了几架飞机。毛泽东主席曾说："这是一个具有气质不凡的艺术家，人民的艺术家。"

当时，大多数的人都是为了生计而四处奔波，但是艺术家常香玉却为了国家，表现出大义凛然的气质，把个人的利益都抛到九霄云外

去。这完全是一种人格上的气质。气质塑造了她让她能为国家牺牲自己。

中国历代有很多这样具有内外兼备、博学多才的人们，他们的气质与修养是每一位谈及的人都会发自内心地钦佩与敬仰。

就像我们都熟悉与尊敬的宋庆龄女士，她的美丽、学识、大度、宽容、修养使许多人认识了什么是中国最有气质的人。

气质是一个简单而又奥妙的谜。气质来源于内心，是美丽的关键所在，人类征服一切的魅力，在于气质。气质不仅受先天生理素质的影响，同时它也受后天种种因素的影响。也就是说，人的内在素质，是可以通过自身培养与修炼改变的。拥有优雅的气质就拥有了一个独特的个人修养。

气质与修养对于每一个人来说是一种永恒的诱惑，因为气质与修养不仅仅靠外貌就能获得，还要拥有智慧与学识。

有人说富有知识的人能够永葆青春，因为有知识的人处于生活的最上层，享受的生活机遇比一般人更充分，如受教育的机遇，因而知识型的人应该是最快乐的人。

拥有学识应该是很重要的，因为它是帮你夯实你人生目标的基础。青少年拥有美貌会是做事情的捷径，但拥有学识却是为你所憧憬的目标的实现奠定了基石。你不会因为美貌而可爱，但却会因为可爱而使人觉得你是美丽的。这与自己的修养和素质是分不开的。拥有学识会使自己变得独立，有主见，能力也是不言而喻的。

做一个快乐的知识人才，并不是人人都可以做到的，它没有想象中的那么简单。

周恩来总理的"为中华崛起而读书"，体现了他的气质所在。而且在周总理去俄罗斯留学的时候，就是一边去饭店打工，一边读书的。那时他完全靠的是自己。其身上具有的不只是读书的气质，还有振兴祖国的气质。

自立者就是需要拥有这种学识的气质，坚定自己自立的理念，把

握自己的人生方向。

新世纪的知识人才遇上了前所未有的发展机遇。高科技发展推进了人类的地球时代，发展机遇的全球化速度加快；改革开放不断深入，中国正由乡土社会转向工业社会，世界正由工业社会转向信息社会，发展机遇正由低层次向高层次攀升。

气质是一个人的含金量，是由漂亮上升到美丽的必要条件，一个没有气质的人可以漂亮但绝不会美丽。气质是生命炫目的花朵，绽开在自信人生的枝头，随四季轮回，花开不败，香袭魂魄。

一个有修养的女人不会在背后对别人品头论足，捕风捉影的传播些小道消息，说别人的坏话。一个美丽的女人不会把精力浪费在蜚短流长上，而是会把精力用在工作上和如何提高生活质量上。

有学识的人，他们往往学业优秀，才华出众，谈吐不凡，举止高雅。传媒领域中的众多精英都属于学识和修养兼备的人。而演艺界学识与优雅兼具的女明星，无论身处何种环境，都能时时显示出学识和聪慧兼备的优雅和自信。在商界里众所周知的惠普前任 CEO 费奥丽娜，无疑是一位学识过人、才华出众的领导者。对于这样的人，很多人都总是会由衷地钦佩和赞赏。

一个兼具聪明、学识和智慧的人，便是世间最美丽的人。他们往往德才兼备，充满爱心，热爱生活，关爱生命。其人性中的美丽与高贵，贯穿着他们的生命与生活；而上帝对她们的最大的祝福，也成就了他们健康美丽的人生。

有学识的人是完全通过自己的努力达到一定的成就的。和一些真正的天之骄子聊天，有学识的人，心里永远都是怀着一种卑谦的心态去学习，因为在他们身上，永远能找到勤奋的影子。

有学识的人不像不学无术到处夸夸其谈的"小知识分子"。正如一位伟人的话，越是无知的人越爱处处显示自己的无所不知。有学识的人永远是谦虚的，永远认为身边的人是他们的老师，他们总能看到这些人的长处。

做一个有学识的人，就要谦虚谨慎，相互尊重，团结协作，做一个能与集体和谐相处的人。

真正有学识、有涵养的人，是不会刻意炫耀自己的，像这种有学识的人，大都具有从内心散发出来的美。这种美没有任何的杂质在里面，是从骨子里透出来的一种灵气，一种气质，这种美才称得上深刻，称得上绝妙。

漫漫人生路，美丽来源于对自己的不断塑造。所以任何时候，都不能单纯地以外表来评价一个人。美貌和气质永远无法划上等号，这是生活中的必然，由于个人的气质是从人格深层散发出来的，它反映着人性的人格特征和人格价值。读书可以增加一个人的气质，广博的学识可以给人聪明才智，也会给人增添不凡的气质。知识和智慧是气质美的一根支柱。

人性的气质美，是美的综合表现。气质美，会使你们忽视其貌而永存其美。气质美的人，即使丑一点，人们也不会说她丑。无知的美在外表，其实很难在人们的心底烙上美印。

前者高雅，后者俗气。用培养气质来使自己变美，要具备更高一层的精神境界。前者使人活得充实，后者把人变得空虚，而最完美的恰恰是两者的结合。

气质美，蕴藏着真诚和善良。"腹有诗书气自华"。知识和智慧会使人更加优雅迷人。气质美是美的精华，是真正的美、永恒的美。林语堂先生把读书看成是美容的重要方式。他曾多次在文章中引用诗人黄山谷的话："三日不读书，便觉语言无味，面目可憎。"肖复兴先生也认为："读书与美容的关系，是读书能够增加人内在的学识和气质。"多读书，从阅读中得到心境上的海阔天空，心境开朗了，神清气爽，定能让面目美好起来。举手投足温文尔雅，落落大方中显示一种自省和游刃有余的悟性，让人赏心悦目。

青少年朋友，当你觉得自己缺乏自立的精神时，就用学识去打造一个全新的自我吧，只有坚定了人生立场，你的人生才不会是一张空

白的纸张，相反你的生活会因此变得充满阳光。

让我们去拥有一个优雅迷人的学识气质吧，在以后的生活中一帆风顺。

心灵悄悄话

气质不是一朝一夕形成的，这与平时的自信和学识有关。这就要求我们平时要多读书，增加知识的积累。只有知识增加了，才能逐渐提高自己的修养，从而显示出一种高贵的气质美。

在自己的天空下展翅翱翔

在日常生活中，每个人都拥有自己的责任，都扮演着不同的角色，都有自己的位置，都会在自己的天空下展翅翱翔，创造价值。晚风凉如水，细雨洗清尘，原来夜也有如此清新美妙的一面。谁言败不常有，那繁星点点不都是阳光的弃儿吗？但它们依然闪烁。因为它们读懂了夜，学会了与夜同行，做好了自己分内的事，从而创造出无穷无尽的价值。在深邃的夜空，它们默默地闪烁就是向人们昭示着无穷的智慧，放射着长久的光辉。

大到宇宙小到飞扬着的尘埃与泥土，在大千世界里都起着举足轻重的作用，它们找到了适合自己的位置，并用自己的努力创造价值。泥土永远是微不足道的，可它却养育了无数的生命。它就好像一位慷慨的母亲，默默地承接着雨水，积蓄着养料，然后毫无保留地去哺育生长在它怀抱中的所有生物。不管是娇媚的玫瑰、牡丹，抑或是一株不起眼的无名小草，只要种子落到了泥土上，它都会尽心地去滋养、去哺育。泥土从来没有嫌弃过它生存的环境，不论是在冰封的极地，还是在炎热的赤道；不管是在肥沃的平原，还是在贫瘠的山巅，只要有泥土就有生命，而且它们总是无怨无悔也丝毫不计较自己是否会得到回报。平凡是它的外表，朴实是它的秉性，博大是它的胸怀，高贵是它的气质，奉献是它的精神。默默无闻的泥土在自己平凡的位置上，同样创造出了奇迹般的价值，为人们奉献出一个斑斓多姿的世界。

如何做好自己分内的事

在人生这个大舞台上，每个人都扮演着自己不同的角色，忙忙碌碌地做着自己该做的事。对于青少年来说，最重要的就是学习。所以，每个青少年都要对自己的角色负责，无论是今天还是明天，唯有认真地对待，才不会留下难以弥补的遗憾。

那么，对于青少年来说，怎样做好自己分内的事呢？其实，很简单，就是要认真学习、刻苦钻研，遵守校纪校规，在学校的舞台上充分展现出自己的风采。

作为青少年，应当明白，没有规矩，不成方圆。学校规章制度建立并执行的目的不是限制自由、约束个性，而是为了维护正常的教育教学秩序，维护学生生活与学习的权益，并为安全提供保障，提高同学们守规守法的自觉性，这才是校纪校规的实际意义。事实上，一个没有纪律和规则约束的地方是绝对没有自由可言的。所以，学生的所作所为必须以遵纪守规为前提，不要盲目作为，否则必将为此付出代价。

一旦用自己的理性和知识真正理解和认同规则之后，那么规则和纪律就不再是一种来自外界的约束自己的枷锁，遵规守纪就不再是一种强迫的任务，它就变成一个利己的选择、一种道德的义务。这样，你就可以扮演好自己的学生角色，就可以让真正的自由在有纪律的秩序中尽情发挥，让积极的个性在有规则的环境里得到张扬。

对于青少年来说，其主要目的是学习。只要衣冠整齐，干净就足够了，多放一些精力在学习上才是最重要的，根本没必要去最追求名牌服装，鞋，去染发等，更不应该存在攀比的心理，而且学生所消费的费用多数来自父母的腰包，所以就更应该理智地消费了，不能盲目地花钱。在学习过程中还要积极参加一些公益活动，提高自我实践能力，做一名全面发展的青少年。

生活中做好自己分内的事很重要

生活中做好自己分内的事很重要。只有真正地做好了自己分内的事，才能谈独立自主。在家里，青少年的角色是父母的子女，就有尊敬父母的责任，你做到了吗？在寝室，你的角色是室友，你有不打扰他人的责任，你做到了吗？作为值日生，你有认真完成值日工作的责任，你做到了吗？作为班干部，你有管理班级纪律的责任，你做到了吗？

作为青少年，要常常扪心自问：我对得起自己吗？也许，现实生活的残酷让人觉得很无奈，有时你不得不戴着面具来跳舞。然而，窥探一个成功人的履迹，无一例外，他首先必须做好自己分内的事。"一屋不会扫"的人，自然也"扫不了天下"。所以，走进茂密的森林，你只要无愧地做了丛林中最挺拔的一棵；在波涛汹涌的大海面前，你只要无愧地把自己化作浪花里最纯净的一滴水珠；抬头仰望辽阔无边的蓝天，你只要毫无愧疚地让自己变为云层中最祥和的一朵……这样的人生便足够了。

曾几何时，少年时的理想一点点褪色，现实让你变得很无奈。然而，这就是生活，是成长的代价。的确，人生就像一个舞台，每个人都扮演着不同的角色。把自己的角色扮演好了，你的人生也就相对成功了。所以，每个学生都要忠于自己的角色。每个阶段，你都在扮演着不同的角色，每个角色都有它的喜怒哀乐，忠于你扮演的角色，享受角色里的一切，包括迷茫和痛苦；而一旦转换角色，就要尽快脱身，忠于现在。每一份角色的背后，都有它的意义、它的苦楚，它的瓶颈期。很好地读懂自己，扮演好属于自己并且有能力实现的角色，即使暂时或者很长一段时间你处于一个自己不喜欢或者超出自己能力的角色位置，也应该学着去适应和享受这个角色。

毕竟，在日常生活中，每个人要做好的分内的事不一定都是自己

选定的、自己所喜欢的角色。但是，不管你喜欢不喜欢，你都需要无条件把它做好。可以说，做好自己分内的事很重要。譬如：公务员有做公务员的游戏规则，他们必须服从上级安排，搞好上传下达，做好本职工作；工人有做工人的游戏规则，他们必须按工艺流程生产，保证产品质量；农民有做农民的游戏规则，他们必须按季节耕种、收获，并做好农作物施肥、杀虫等；商人有商人的游戏规则，他们必须合法经营、照章纳税。如果你不遵守这些游戏规则，你就无法做好你该做的事，就无法体现出你的价值，也就无法体会生活的意义。所以，学会享受它的喜怒哀乐，时刻准备着蜕变吧！

心 灵悄悄话

生活中没有旁观者的席位，每个人都有适合于自己的位置。只有在自己的位置上做好自己分内的事，才能创造出无穷的价值。

要有自己的计划

　　计划，是人生开始的第一步。人们无论做任何事情都是要有一个详细的计划，才能得以实现。每一个有每一个人的计划，工程师有工程的计划；商人有生意上的打算；老师有教学的计划。那么，青少年也要有自己的学习计划。计划学生时代的自己，锻炼独立的性格，将有利于改善自己的学习生活。

人生，计划之根本

　　有一个业务员是个刚毕业的学生。他为了自己的工作而不得不放下自己的研究生的身价去做饮料业务。经理这周定的任务是每一个人要完成50件饮料。公司的很多业务员都觉得经理的任务太重，不情愿去做。但是这位研究生却没有，而且他给自己订的计划就是一天去跑完10件，自己完不成10件就不能去睡觉。于是，他按照自己的计划实施了。第一天，他除了完成10件后，又额外地完成了30件。就这样做了一周。没想到，他这周竟完成了230件。最后受到了经理的奖赏。

　　人生也许就是如此，只要心中有一个周密的计划，那么你的工作或是学习就一定能顺利完成。就像这个业务员，他给自己订了个周密的完成计划。计划自己如何对待工作，自己的决策如何实施。这样，做事情就容易成功。相反，如果你没有给自己一个完成的计划，那

么，你所做的任何事情都是无从下手的，事情也是不具逻辑性的。

学习可以称为一门学问。其学问在于去如何高效地学习？如何调整好学习状态？如何在有限的时间里发挥最大的潜能？这都是值得关注的。而制订一个周密的学习计划，则是最好的、最有效的学习方法。

制订学习计划，学会独立决策

王强是班级里学习最好的学生，他的成绩在班上一直名列前茅。但是很多学生都想不通为什么王强会学习那么好？

一次，一个学生因为好奇打开了王强的抽屉，原来里面全是一个个的纸条贴在书本上。比如，当他翻开了第9页的数学题时，发现上面写着：此题还有一个相似的例子，多练习几遍公式。最后，消息传开了，同学们终于知道了王强学习好的秘诀。

高尔基说："不知道明天该做什么的人是不幸的。"有部分学生对待学习毫无计划可言，他们认为，学校有教学计划，老师有教学计划，自己只要跟着老师走，什么事都照办就行了。这种"脚踩西瓜皮，滑到哪里算哪里"的学习态度，是不可取的。要知道，学校和老师的教学计划是针对全体学生来安排的，每个学生的学习进度和学习能力不同，所以，制订一个针对自己的学习计划是十分有必要的。

对学生来说，有一个确切的学习计划，要比无学习计划好得多，其好处是：

学习目标明确。学习计划就是在某个时间段采取什么方法或是行动来达到学习目标的一个形式表。有计划的学习，学生自己能明了什么时间做什么事，短时间内就能达到一个小目标，长时间内达到一个大目标。按计划来学习，使学习能一步步由小成功跨向大成功。

学习任务的有序进行。有了一个明确的计划后，就可以有条不紊

地进行学习安排。在一定的时间内，对照学习计划来检查自己的学习进度，可以明确自己学习方法的优缺点，做到优点继续发扬，缺点努力改进，让学习一直处于上升趋势。

有利于养成良好的学习习惯。有意识地按学习计划学习，久而久之，便会养成良好的学习习惯。习惯养成后，就有利于锻炼克服惰性、克服困难的精神，无论碰到什么困难都能按计划完成学习，达到规定的学习目标。

提升计划能力。这种有条理的学习、休息，养成生活习惯后，就会对生活中的小事做到有计划的安排，这样不只是对于学习，对于任何事都能进行有条理的计划安排。这种能力对一个人的一生都有很大的益处。

另外，在制订学习计划时要注意周密性。其周密性主要是目标要明确性、有可行性、具体。

明确性是指计划的学习目标要便于对照和检查。如："以后要努力学习，争取获取好成绩。"但是，如何努力？考第一名要付出多少努力？哪方面要多用点心？这些都不明确。如果改为："语文数学要认真复习，英语成绩争取考到全班前五名。"这样目标就明确多了，以后是否能达到就有标准可检验了。

可行性是指对于学习目标的度的把握。学习计划的目标定得过低了，不费吹灰之力就能做到，这不利于自己潜能的开发和学习的进步提高。过高了，自己能力有限，最终不能达到高高在上的标准，这样很容易让人失去自信心，最后让计划成为一纸空文。所以，制订计划时，要根据自己的实际情况出发，制定一个通过努力才能达到的目标。

具体是指目标便于实现。如何才能达到"英语成绩在全班考到前五名"呢？可以具体化为：每天早上提前半小时起床背 20 个单词，晚上做 10 道复习题。这样，单词和语法有没有掌握就有了检查方法，有利于计划的改进和更完善化。

自 立

只有制订了周密的计划，才能在实践中不断地强化自我，锻炼自己的独立决策的能力，学习上才能有动力。青少年朋友，给自己制订一个完善的、周密的计划吧，那样你的学习生活将会是丰富多彩的。

心灵悄悄话

人生的成败往往取决于最为关键的几步，学习可谓是最为关键的阶段，而决定学习成败的主要因素就在于：学习过程中知识的积累和吸收。

养成令人愉悦的个性

微笑会使你保持愉悦的个性。微笑是春天里的一缕和风，吹拂过来总叫人感到神清气爽、心旷神怡；微笑是夏日里的一股清泉，流淌而至总使人感到消暑解渴、清爽怡人；微笑是深秋里丰硕的果实，总让人感到在向你颔首致意、笑容可掬；微笑是寒冬里的一抹阳光，沐浴其中总令人感到温和柔美，暖意融融。

让快乐成为生活的主旋律

心境影响着我们所处的世界。一个拥有快乐心境的人，看到的是一个值得欢欣的世界；一个内心充满仇恨的人，见到的是一个令人愤怒的世界；一个心中满是忧伤的人，见到的是一个充满悲哀的世界……也许我们的境遇的确糟糕，但只要能包容所有的不公、宽恕命运的不平，我们便不会再抱怨，因为我们拥有充满信心的快乐。

快乐源于心中的感受，而并不在于身处的环境。有人花费半生的积蓄去外国度假，结果却扫兴而归；有人在家乡的小河划船作乐，玩得不亦乐乎。如果心中没有快乐，即使走遍天涯海角，也不会找到想要的那片乐土；如果心中充满快乐，哪怕身处逆境，也可以泰然面对。

有一个国王，虽拥有其他人想要拥有的一切，却仍然郁郁寡欢。虽然每日招一群优伶舞者为自己表演，但依然是终日闷闷不乐。于是

自立

一群好事的大臣纷纷给国王出谋划策，希望能博取国王的开心。其中有一位大臣建议说："如果能找到一个快乐的人，让他把衬衫脱下来给您穿上，相信您就能得到快乐。"

国王信以为真，马上命令使者四处寻找快乐的人。使者以为富足的人肯定会快乐，于是就找遍国中的显赫贵族，但却没有人认为自己快乐。他们每个人都有心事，都不快乐，他们觉得生活缺少乐趣。

使者们又想到小孩子应该是快乐的，于是又找遍所有的小孩子，但是小孩子都说自己不快乐，因为他们害怕大人的斥责，他们有许多想要的东西却无法得到。

正当使者们沮丧担心之时，他们看到一个在烈日下劳作的农夫，他裸露着上身，满身大汗，一边高声唱着歌，一边走到树下纳凉。使者走上前去问他："你快乐吗?"农夫说："当然快乐啊! 我自食其力，无忧无虑，真是快乐极了!"使者们听后大喜："那你能把你的衬衣给我吗?"农夫抱歉地说："哎呀，我没有衬衣。"

快乐是什么呢? 其实快乐就是一种心态。当我们能对自己所处的环境以包容的心态来面对，就像农夫一样，虽然生活很艰辛，但却能乐此不疲，我们就会感到快乐。生活不可能按照我们的意愿来满足我们的要求，我们需要以一种积极的心态与生活融合。

的确，有时我们费尽心机寻找快乐，却更加迷失自己，因为我们并不知道快乐其实在我们心里。

有许多人感到生活的压力很大，于是便到网络世界去寻找快乐，街角的网吧里，烟雾缭绕，狭小的空间内是 24 小时无休止的电脑鏖战，但是这样的娱乐得到的只是疲惫与空虚，而不是心灵充实的快乐，此时快乐已经沦为寻求刺激和兴奋，没有丝毫收获，就更谈不上充实了。

那么，快乐是否在很遥远的地方，在天涯海角，在我们无法触及的地方呢? 当然不是，快乐在我们心中永驻，只是我们没有发现它。

古人崇尚宁静的生活，在宁静中日出而作，日落而息，在悠然中读书品茗，平淡也快乐；陶渊明隐居乡间，种豆南山，采菊东篱，写诗作赋，寂寞也快乐；刘禹锡以文会友，陋室中永存德性，又有苔痕、草色，清贫也快乐；李白在月下对酒当歌，抒写豪放诗文，即使失意，却不失乐。拥有古人的心态，我们会发现拥有快乐其实很容易。

为生命涂一抹快乐的色彩

生命原本是无色的，当我们用正确的心态去装扮它，它便会拥有绚烂的色彩。

有这样两个小兄弟，一个非常忧郁，而另一个则非常乐观。他们的父母把他们带到精神病医生那里看病，想让悲观的孩子快乐起来，而让快乐的孩子能正视生活中的障碍。于是医生把悲观的孩子锁进一个摆放着许多新奇玩具的屋子，把乐观的男孩锁进一个摆满了马粪臭气熏天的屋子。当重新打开屋门时，人们发现悲观的男孩正在号啕大哭，不肯去玩那些玩具，因为怕把它们弄坏。而乐观的男孩则正兴高采烈地铲着马粪，他还兴致勃勃地对父亲说："有一屋子的马粪，那在这附近一定生活着一头快乐的小马驹！"

这是美国前总统里根在他的演讲中经常用到的故事。故事告诉人们，无论在多么困难恶劣的环境中，只要拥有英雄主义的进取精神，从积极和乐观的方向去思考和努力，就能取得成功。里根总统一生的传奇经历也是这个道理的最好写照。

两个人结伴到山中露营，当夜幕降临时，快乐者看到的是满天的繁星，而忧郁者却在为帐篷被偷而烦恼。路边有一颗玫瑰，悲观者为花中的刺痛苦，而乐观者却为刺上的花而快乐！一张带着墨点的白纸，你会为白纸上的墨点而失意，还是会为墨点下的白纸而庆幸呢？

自 立

许多时候我们不快乐，不是因为快乐离我们太远，而是我们还不知道自己和快乐之间的距离有多近。快乐不需要刻意经营，快乐也不一定完美，只要舒心、轻松、惬意，那就是快乐！让不快乐的心情离我们远去吧！青少年朋友，当你不开心时，建议你做做运动，比如去打篮球或去跑步，把你的情绪宣泄出来，不要埋在心底。或者大哭一场，或者听听音乐，想想开心的事，抛弃所有的烦恼吧。快乐其实很容易，放松心情，登高望远都会有快乐的体验。让自己始终保持快乐的心境，是一种处世智慧。赶快快乐起来吧，你的快乐心情也能感染身边的人！忘却心中的迷茫，抹去眼中的忧伤，放飞心中的梦想，快乐其实就在你我的身边。

心灵悄悄话

喧嚣尘世，受束缚的是生命，自由的是心情。只要心空晴朗，人生就没有泥泞。其实，快乐真的很简单，有时，它就是发自内心的一抹微笑！快乐，并不遥远，它就在我们每个人的心中！

给自己留有余地

低调做人，是一种品格，一种风度，一种胸襟，一种智慧，是做人的最佳姿态。想成就大事的人宽容于人，才能得到别人的赞赏和钦佩，这正是人能立世的根基。

根基既固，才有枝繁叶茂，硕果累累；倘若根基浅薄，便难免枝衰叶弱，不禁风雨。

低调做人，不仅可以保护自己、融入人群，与人们和谐相处，也可以让人暗蓄力量、悄然潜行，在不显山不露水中成就事业。保持低调是成熟的表现。做人只有低调一点，方可成功。

保持低调，是一种成功

有一位留美的计算机博士，毕业之后他决定在美国找一份合适自己的工作，但结果却出乎他的所料，好多家公司都不录用他。思前想后，他决定收起所有证明，以一种"最低身份"再去求职。

不久，他被一家公司录用为程序输入员，这对他来说简直是"高射炮打蚊子"，但他仍干得一丝不苟。

不久，老板发现他能看出程序中的错误，非一般的程序输入员可比，这时他亮出学士证，老板给他换了个与大学毕业生对口的专业。过了一段时间，老板发现他时常能提出许多独到的有价值的建议，远比一般的大学生要高明。

这时，他又亮出了硕士证，于是老板又提升了他。再过一段时

间，老板觉得他还是与别人不一样，就对他"质询"，此时他才拿出博士证，老板对他的水平有了全面认识，毫不犹豫地重用了他。他终于获得了老板的赏识，他以低调做人的方式取得了成功。

低调做人是最绝妙的明哲保身艺术；是最沉稳的中庸平和艺术。生活在世间，行走于社会，既做事，就不能自外于人，自外于人无异于自绝生路。

而自绝生路者，又能做成何事？有这样一副对联，"做杂事兼杂学当杂家杂七杂八尤有趣，先爬行后爬坡再爬山爬来爬去终登顶"，横批"低调做人"。有时，做人不要太高调了，放低姿态，低调做人才能取得成功。

很多人都知道汉代名将韩信，他在未成名之前，有一次走在淮阴的路上，有个不良少年看他不顺眼说："你看起来挺神气，不过，只是中看不中用。有气魄的话，你就来杀我；不敢，就从我胯下爬过去。"韩信忍一时之气，从不良少年胯下爬过。他的低姿态，后来为他立了不少战功。

低调做人就是用平和的心态来看待世间的一切。修炼到这种境界，为人便能去留无意，望天上云卷云舒；便能贫贱不能移，富贵不能淫，威武不能屈。低调做人，我们便能获得一片广阔的天地，成就一份完美的事业。

在现实生活中，人们通常是高调出击，但这样并不一定就意味着成功；相反，低调并不一定就意味着失败。我们关注低调的理由是：它可能实际上是一种比高调更高明的策略。保持低调的人却往往能取得最后的成功，保持低调其实就是一种成功。

低调，是成熟的表现

富兰克林有一次到一位前辈家拜访。当他准备从小门进入时，由于小门的门框过于低矮，他的头被狠狠地撞了一下。

出来迎接的前辈微笑着对富兰克林说："很疼，是吧？可是，这应该是你今天拜访我的最大收获。你要记住：要想平安无事地活在这人世间，你就必须时时记得低头。"

从此，富兰克林把"记得低头"作为毕生为人处世的座右铭。

我们都是凡人，与富兰克林不能相提并论。更应时时刻刻学会低头，懂得低头，敢于低头。生命的重荷负载过多，就低一低头，卸去那份多余的沉重。

面对自己的错误和不足，也要学会"低头"。只有学会低头，才能正视自己的错误。

民间有句谚语："低头的是稻穗，昂头的是稗子。"越成熟越饱满的稻穗，头垂得越低。只有那些稗子，才会显摆招摇，始终把头抬得老高。

低调不是自卑自贱，是有傲骨而不显傲气，自信而不自以为是，给自己留有余地。

不张扬，成功了会有惊喜，失败了不会招来冷语。

低调一点，也可以少一点压力，活得轻松。学会低调做人，就要不喧闹、不造作、不故作呻吟、不卷进是非、不招人嫌、不招人嫉，即使你认为自己满腹才华，也要学会藏拙。

王蒙曾经说过："我常常提倡低调原则，就是你不论做什么事情，不要把调子唱得太高，唱得太高了会吊起别人过高的希望值、过高的胃口，但你实际上并不能做到，就像有些写作的人，非常想自己的作品发表在什么刊物上，是大的刊物还是小的刊物，是登在头条还是最后。

"我是恰恰相反，我有意识把作品放在小刊物上。因为你发头条，放在大刊物上，人家对你要求高，对你的衡量，拿的就是一个比较严格的尺，如果是放在小刊物上就容易混过去了。"

自 立

人的一生中，保持低调对于自己的成功起着重要的作用。

尤其是青少年朋友，从小就应该学会低调，这样不仅会让自己更好地在这个社会上生存，更重要的是，低调是一种成熟的表现。

心灵悄悄话

低调是一种博大的胸怀、超然洒脱的态度，也是人类个性最高的境界之一。一般来说，低调的人比较宽容，能够尊重别人不同的看法、思想、言论、行为，甚至他们的宗教信仰和种族观念，她不会轻易把自己觉得"正确"或者"错误"的东西强加于人。

自信是成功的突破口

只有相信自己，才能对自己所从事的事业充满力量。相信自己，便是伟大成功的源泉，不论才干大小，天资高低，成功都取决于坚定的自信力。相信能做成的事，一定能够成功。反之，不相信能做成的事，那就绝对不会成功。

一位年轻人在上大学。有一天他突然发现大学的教育制度有许多弊端，便马上向校长提出，他的意见没有被接受，于是他决定自己办一所大学，自己当校长来消除这些弊端。但是办学校至少要 100 万美元，上哪里去找这么多钱呢？等毕业后去挣，那太遥远了。于是，他每天都在寝室内冥思苦想如何可能有 100 万美元。同学们都认为他有神经病，做梦，让天上掉下钱来。但年轻人不以为然，他坚信自己可以筹到这些钱。

终于有一天，他想到了一个办法，他打电话到报社，说他明天举行一个演讲，题目叫《如果我有 100 万美元怎么办》。第二天他的演讲吸引了许多商界人士参加。面对台下诸多成功人士，他在台上全心全意、发自内心地说出了自己的构想。

最后，演讲完毕，一个叫菲利普·亚莫的商人站起来，说："小伙子，你讲得非常好。我决定给你 100 万，就照你说的办。"

就这样，年轻人用这笔钱办了亚莫理工学院，也就是现在著名的伊利诺理工学院的前身，而这个年轻人就是后来备受人们爱戴的哲学家、教育家冈索勒斯。

相信菲利普·亚莫之所以会愿意出资，看中的就是冈萦勒斯的自信，是他的自信征服了菲利普·亚莫的心。其实，生活中做什么事，信心很重要，付诸行动也很重要。有人说，敢想就成功了一半，那另一半就是去做。这样，你就一定会成功。

假如没有自信，行动也就无从谈起。

自信，是成功的突破口；自信，是人们成就伟业的先导；自信，是对自己能力的充分估量；自信，是对自我实力的高度认可；自信，是一种来自心底的无形力量。有了自信，就没有渡不过的难关、没有越不过的沟壑。

自信是一种无形的力量。当你遇到险峰挑战时，使你奋发向上；当你生活遇到困难时，让你看见胜利的彼岸；当你想放弃的时候，它让你把对明天的憧憬写进心灵的底稿；当你遥望漫漫长路时，告诉你"路是人走出来的"这样一种人生信条。

坚强的自信，是成功的无尽源泉。一个人所能取得的成就，不可能超出他的自信所达到的高度。一个平凡的人，如果他有非常顽强的自信心，那么他在不久的将来一定可以干出一番惊天动地的业绩。

可以说，拥有了自信，在一切挫折面前都将永不言败。自信，可以使一个人从平常走到辉煌；自信，可以使一个人从绝望看到希望；自信，可以使一个人从暗淡走向光芒；自信，是一个人事业成功的保障。

罗纳德·里根是美国第49任总统。他是一个充满自信的人。在成为总统之前，他只是一个很普通的演员，但他立志要当总统，并相信自己一定可以成为总统。

从22岁到54岁，里根一直在文艺圈中，对于从政完全是陌生的，更没有什么经验可谈。但当机会到来时，共和党内的保守派和一些富豪们竭力怂恿他竞选加州州长时，里根毅然决定放弃大半辈子赖以为生的原职业，坚决地投入从政生涯中。结果大家都清楚，里根成为美国第49任总统。

只要对自己充满自信，就会精力充沛，豪情万丈，活得有滋有味。如果你自己都觉得自己萎靡不振，一事无成，可以想象这种生活是什么样子。胸无大志，自认为是多余的人，甚至自暴自弃，破罐子破摔，这等于是精神自杀，这样的人就不可能会有所成就。

拿破仑亲率军队作战时，他的军队战斗力会增强一倍。原因是，军队的战斗力在很大程度上基于士兵们对于统帅的敬仰。

如果统帅抱着怀疑、犹豫的态度，便会使全军混乱。在此，拿破仑的自信与坚强，使他统率的每个士兵都增加了战斗力。

一个人的成就，绝对不会超出他自信所能达到的高度。如果拿破仑在率领军队越过阿尔卑斯山的时候，只是坐着说："前面是一座山，难以跨越的高山。"那么，军队就很难鼓起勇气前行。所以，无论做什么事，坚定不移的自信力，都是达到成功所必需的和最重要的因素。

有一次，一个士兵骑马给拿破仑送信，由于马跑的速度太快，在到达目的地时猛跌了一跤，那马就此一命呜呼。拿破仑接到了信后，立刻写了封回信，交给那个士兵，吩咐士兵骑着自己的马，快速把回信送去。

那个士兵看到那匹强壮的骏马，身上装饰得无比华丽，便对拿破仑说："不，将军，我只是一个平庸的士兵，实在不配骑这匹强壮的战马。"

拿破仑回答道："世上没有一样东西，是法兰西士兵所不配享有的。"

世界上不乏像这个法国士兵一样的人。他们总是以为自己的地位太低微，别人的种种幸福，是不属于他们的，以为他们是不配享有的，以为他们是不能与那些大人物相提并论的。这种自卑的观念，往

往成为不求上进、自甘堕落的主要原因。

有许多人这样想：世界上最美好的东西，不是他们这一辈子所应享有的。他们认为，生活中的一切快乐，都是留给一些命运的宠儿来享受的。有了这种自卑的心理后，当然就不会有出人头地的观念。许多青年男女，本来可以做成大事、创立大业，但实际上竟只做小事，过着平庸的生活，原因就在于他们自暴自弃，他们没有远大的理想，不具备坚定的自信。

所以说，一个人如果不相信自己能做那些从未做过的事，他绝对做不成。只有领悟到这一点，不依赖于他人的帮助，不断努力，才能成为杰出人物。所以，青少年在人生旅途中一定要有坚强的意志，要相信自己，相信自己有着无穷的潜力。

心灵悄悄话

往往，一个从未被他人所打败的人，打败他的恰恰是他自己。人生路上，要想成就大事，就必须充分地相信自己，相信自己有着成功的潜力。

第三篇 >>>

懂得自立

　　易卜生先生曾经说过："世界上最坚强的人就是独立的人。"是的，因为自立的个人才会有所作为，自立的国家才不会受欺负，实现繁荣富强。陶行知先生指出："滴自己的汗，吃自己的饭，靠人，靠天，靠祖上，不算好汉。"这些无疑说明了人要学会自立，更要懂得自立。因为总有一天我们会长大，许多事情都要自己解决，自己面对。

　　当然个人化并不是那些不合时宜的论调、古怪的生活方式和令人侧目的衣着打扮，而是一些性格上的更坚强、更牢固的东西。

依靠自己，自给自足

　　现代社会，人们的物质生活水平大大提升，基本上不再为温饱而发愁。从小衣食无忧的年轻人，很难体会到危机的存在。当年少轻狂的少年，依靠着父母的供给，穿着时尚、前卫的衣服，风度翩翩地从大街上穿过，人们可以用青春、阳光来形容。而到了三十而立的年龄，仍然向父母伸手要钱，自己就会感到苦涩、空虚。能够自给自足，才能体会到奋斗的喜悦，让自己瞬间拥有满足。

　　宋超大学毕业后，进入一家杂志社工作，拿着一份别人看来还不错的薪水每月 5500 元。但是，他却成了名副其实的"月光族"，不但不能自给自足，还需要父母经常的接济才能生活下去。他虽然参加工作的时间并不长，但是在吃穿用方面都非常的大方。每个月要交房租 1200 元；经常喜欢和好友下馆子吃饭，每月至少要 1000 元；而在用的方面他也毫不吝啬，衣服基本上都要是名牌的，还要是新品上市的，对于商场里销售的过季产品他通常是连看都不愿看的。对于父母的接济，他也觉得心安理得，家里就他这么一个独生子。父母挣来的钱不给他，还能给谁呢。天有不测风云。一向身体很好的父亲突然生病住院了，不仅花光了家里的积蓄，还向亲戚朋友借了一些钱。这一下子让宋超感到了前所未有的压力，他突然之间意识到父母年事已高，已经很难在社会上谋职，他们只是在花退休金度日。而以后家里的责任就要由他来承担。经历了这件事后，他成熟了很多，在消费上也大大降低了标准，这才发现，其实每个月的工资还是可以做很多事

情的，不但可以不再向父母伸手，还可以给父母一些钱；这也使他深深地体会到，依靠自己奋斗得来的喜悦。

类似宋超的年轻人并不在少数，从小由于父母的疼爱，生活可谓衣来伸手饭来张口，已经习惯了依靠父母的生活。即使自己已经大学毕业，仍然没有意识到自己应该独立自强地生活，甚至应该来回报父母，替他们分担忧愁。大好的青春年华，就在挥霍青春、金钱中浑浑噩噩地度过了。父母终会老去。当他们难以给你提供支撑的时候，扪心自问自己是否有足够的能力来自立自强，成为家庭、社会的中坚力量来抵抗风雨的侵蚀？

刘洋大学毕业时，社会上的就业压力就相当突出。

他自己到处投简历找工作，发现能够让自己满意的工作很少，要么是工作压力大、负荷重，自己难以胜任高强度的工作；要么是工作轻松，但是薪酬太低、福利待遇不好；再有就是工作对学历、能力要求很高，自己的水平不够；等等。

总之，他认为所遇到的工作都很不令他满意。于是，他毕业后，干脆就不再出去找工作，宁愿一直坐在家里待着。每天也就是上上网、出去打打球和朋友一块吃吃饭，而这些消费也认为理所当然地由父母来买单。

时间长了，他已经非常适应这种生活了，成了名副其实的"啃老族"。尽管他的父母对此非常不满，但是也无可奈何，只好任由他。

目前，所谓的"啃老族"在社会上也屡见不鲜。大多数是刚刚从学校毕业出来的独生子女。从小备受家长的呵护，难以承受生活中的挫折、磨难。即使成年后，仍然缺乏独立生活、工作的能力，只能依靠在父母的羽翼下遮风避雨。

人的一生很多时刻都面临着考验。从蹒跚学步的孩童成长起来的青春少年，终究是要被推上社会、独立去承担责任的。作为走向社会不久的年轻人，实现让自己角色的转变非常重要。越早意识到自己的家庭责任、社会责任就能够越早地成熟起来。

心灵悄悄话

当你完全依靠自己的能力、自给自足的时候，你会让自己瞬间拥有满足，也会让父母由衷地感到欣慰。

别让自己与社会脱节

人在年轻的时候，都会充满豪情壮志，立志要做一番大的事业出来。但是，真正成功的人却并不多，大部分人都是过着平庸的生活。究其原因，人们往往在年轻的时候心高气傲、心境浮躁，很难沉静下来去求知。培根就曾经说过，人的知识和人的力量这两件东西是结合为一体的；工作的失败都起于对因果关系的无知。求知能够克服一些天性上的缺陷，使人格变得完善起来。

有一个年轻的妻子，丈夫工作能力很强也很勤奋，很快就被公司提拔为中层干部，因此他们的家境也相当不错。不久之后，妻子怀孕了，丈夫很高兴也非常体贴妻子，劝她辞去工作，安心在家做全职太太。在生育了孩子之后，妻子更是一门心思扑在家庭上，在家安心地相夫教子。她已经完全沉浸在家庭生活中，不再想像以前那样去读书、学习了，也不用再去考虑如何提升自己的工作业绩了。随着孩子慢慢长大上学，她常常就感到无事可做。丈夫回家也不愿再和她谈论工作上的事情，每当她问起来的时候，他总是说你又不懂就别问了。她要去辅导孩子学习的时候，也发现孩子在学校里看到的新现象、学到的新思路她也无法理解。她已经意识到，自己多年不出去工作，也不再去学习，已经与社会脱节了。就连昔日的姐妹见面，大家都在津津有味地谈论的话题，她也会感到难以插话。虽然自己的物质生活非常的优越，但内心却感到空虚、寂寞。

当前是个信息化的社会，知识的更新换代速度非常快。如果长期不出去工作，不再及时地更新自己的知识结构，那么自己的知识、能力就难免与社会脱节。人并不是仅仅依靠丰裕的物质条件就会感到满足的。内心世界的丰富、充实同样重要。当你感到自己知识匮乏的时候，就很难有足够的底气与他人交流、沟通，自信也就在一点点地消失掉了。

千里之行，始于足下。探索知识的过程就要从自己开始。遗憾的是，很多人在满怀理想抱负的时候，却忘记了理想是要在现实的土壤上生根、发芽的，自己不去潜心学习，所谓的理想、抱负也只能成为水中月、镜中花。

有一位捕鱼技术高超的打鱼人，被人们尊称为"渔王"。他有3个儿子，他在自己年轻的时候就开始手把手地教他们学习捕鱼技术。他非常耐心，也非常专业地从最基本的常识教起，从认识潮汐、观察天象到织网、划船、下网等事无巨细地教授给他们，并且经常带他们下海示范给儿子看看。但是，令他伤心的是，3个儿子的技术却是非常的平庸。

到了他年老的时候，看着自己一天天地老去，已经没有力气再去下海打鱼了。虽然自己一生在海上风里来、雨里去积累下来的经验很早就开始传授给他的3个儿子，但是，3个儿子却还是没有学到家。于是，他去请教一位过路人，过路人听完他的哭诉后，反问他："你的3个儿子都是自愿跟你学的吗？"渔王这才意识到，大儿子最喜欢的是养花、二儿子最热衷于习武、三儿子则痴迷于种地，3个儿子都不是发自内心地喜欢打鱼。过路人告诉他说，你的3个儿子都是在你的要求下学打鱼，你自己也从未从3个儿子不同的个性特点出发去让他们做自己喜欢做的事，学不好捕鱼的本领也就可想而知了。

可见，求知的起点就是自己本身。

自 立

我们要想让自己求知的过程中能够得到好的结果，就要首先搞清楚自己的具体情况，不可盲目跟风。最忌讳的就是心浮气躁、急功近利的做法。求知的过程固然充满艰辛，但是只要自己有坚定的决心，就会有信心、有勇气超越困难，一步一个脚印踏踏实实地往前走。

心灵悄悄话

如果我们仅仅是屈从于父母、老师的压力，而不是自己发自内心地热爱，那么在学习过程中，就激发不起来求知的兴趣，也就很难再有勇气去克服求知过程中的困难。

表现自己独特的一面

卡耐基认为，当一个人走入人群，不能很清楚地表现自己独特的一面，而只是成为人群中的一分子的话，这个人的个人形象明显存在缺憾。缺乏个人化的特质很难引起别人对你的注意，当然更谈不上成功了。

当一个人具有完全个人化的形象时，他至少成功了一半。当然个人化并不是那些不合时宜的论调、古怪的生活方式和令人侧目的衣着打扮，而是一些性格上的更坚强、更牢固的东西。不要把漂亮女孩的美丽当作她的特质，因为一个即使并不美丽的女孩，如果在性格上具有善良的美德，那么她个人化的品质则比前者突出得多。

其实每个人都具有某种潜能，所以，不要浪费时间去担忧自己与众不同。你在这世上完全是崭新的，前无古人，也将后无来者。

遗传学家告诉我们，你是由48条染色体互相结合的结果，其中24条来自父亲，24条来自母亲。每条染色体里面有成百个遗传基因，每一个基因都能改变你的整个生命。因此，我们的确是"不可思议，极为奇妙"的一个组合。我们是独一无二的存在，我们是"双赢"的结合。

我们如果没有了自己的生活方式、思想方式，就会无法定位自我，别人一提意见，就会无所适从，惊慌失措。如果决定了自己的生活方式，就不用在意别人的目光。不同的人有不同的生活方式，你没有必要努力达到某个所谓的标准答案。

别人的人生与自己的人生，自然是不同的。自己的人生，掌握在

自己的手中，会是"成功传奇"还是"人生悲剧"，全是自己的问题。不去做你永远不知道的事情。所谓"真理唯有实践能证明，若能专心致力于自己的生活，一定会有一定的效果"。

爱默生在散文《自持》中如是说："每个人在受教育的过程当中，都会有段时间确信：嫉妒是愚昧的，模仿只会毁了自己；每个人的好与坏，都是自身的一部分；纵使宇宙间充满了好东西，不努力你什么也得不到；你内在的力量是独一无二的，只有你知道自己能做什么，但是除非你真的去做，否则连你自己也不知道自己真的能做。"

另外，道格拉斯·玛拉赫也用一首诗表达了自己的看法：如果你不能成为山顶上的高松，那就当一棵山乡里的小树——但要当棵溪边最好的小树。

如果你不能成为一棵大树，那就当丛小灌木。如果你不能当一丛小灌木，那就当一片小草地。如果你不能是一只麝香鹿，那就当尾小鲈鱼——但要当湖里最活泼的小鲈鱼。

世间生命多种多样，有天上飞的，有水中游的，有陆上爬的，有山中走的；所有生命，都在时间与空间之流中兜兜转转。生命，总以其多彩多姿的形态展现着各自的意义和价值。生命在闪光中见灿烂，在平凡中见真实，所以，所有的生命都应该得到祝福。

"若生命是一朵花就应自然地开放，散发一缕芬芳于人间；若生命是一棵草就应自然地生长。不因是一棵草而自卑自叹；若生命不过是一阵风则便送爽；若生命好比一只蝶，何不翩翩飞舞?"梁晓声笔下的生命皆有一份怡然自得的超然洒脱。

芸芸众生，既不是翻江倒海的蛟龙，也不是称霸林中的雄狮。我们在苦海里颠簸，在丛林中避险，平凡得像是海中的一滴水、林中的一片叶。海滩上，这一粒沙与那一粒沙的区别你可能看出?旷野里，这一抔黄土和那一抔黄土的差异你是否能道明?

你见过在悬崖峭壁上卓然屹立的松树吗?它深深地扎根于岩缝之中，努力舒展着自己的躯干，任凭阳光暴晒，风吹雨打，在残酷的环境中它依旧始终保持着昂扬的斗志和积极的姿态。或许，它很平凡，只是一棵树而已，但是它并不平庸，它努力地保持着自己生命的傲然姿态。

有这样一个寓言，让我们懂得：每个生命都不卑微，都是大千世界中不可或缺的一环，都在自己的位置上发挥着自己的作用。

一只老鼠掉进了一只桶里，怎么也出不来。老鼠吱吱地叫着，它发出了哀鸣，可是谁也听不见。

可怜的老鼠心想，这只桶大概就是自己的坟墓了。正在这时，一只大象经过桶边，用鼻子把老鼠吊了出来。

"谢谢你，大象。你救了我的命，我希望能报答你。"

大象笑着说："你准备怎么报答我呢？你不过是一只小小的老鼠。"

过了一些日子，大象不幸被猎人捉住了。猎人用绳子把大象捆了起来，准备等天亮后运走。大象伤心地躺在地上，无论怎么挣扎，也无法把绳子扯断。

突然，小老鼠出现了。它开始咬着绳子，终于在天亮前咬断了绳子，替大象松了绑。

大象感激地说："谢谢你救了我的性命！你真的很强大！"

"不，其实我只是一只小小的老鼠。"小老鼠平静地回答。

每个生命都有自己绽放光彩的刹那，即使一只小小的老鼠，也能够拯救比自己体型大很多的大象。故事中的这只老鼠正是星云大师所说的"有道者"。

一个真正有道的人，即使别人看不起他，把他看成是卑贱的人，他也不受影响。因为他知道自己的人格、道德，不一定要求别人来了解、来重视，他依然会在自我的生命驿旅中将智慧的种子撒播到世间各处。

自 立

也许你只是一朵残缺的花，只是一片熬过旱季的叶子，或是一张简单的纸、一块无奇的布；也许你只是时间长河中一个匆匆而逝的过客，不会吸引人们半点的目光和惊叹，但只要你拥有自己的信仰，并将自己的长处发挥到极致，就会成为成功驾驭生活的勇士。

心灵悄悄话

每个生命都很平凡，但每个生命都不卑微，所以，真正的智者不会让自己的生命陨落在无休无止的自怨自艾中，也不会甘于身心的平庸。

为自己制定决策

不要把自己生命的领导权拱手让予外在的力量，不要对这些力量竖白旗投降。

何谓领导权呢？简单地说，生命的领导权就是那股促使你选择你的目标与梦想的力量，也是驱策你迈向成功的力量。亚伯拉罕·林肯曾说过一个非常动人的故事：

有个铁匠把一条长长的铁条插进炭火中烧得通红，取出后再打扁一点，希望它能做种花的工具，但结果不如他意。就这样，他反复把铁条打造成各种工具，却全都失败。最后，他从炭火中拿出火红的铁条，茫然不知如何处理。

在无计可施的情形下，他把铁条插入水桶中，在一阵嘶嘶声响后说："唉！起码我也能用根铁条弄出嘶嘶的声音。"

你是否像那个铁匠一样，在屡遭挫败后放弃梦想，或不再梦想呢？其实，你可使梦想不像那阵嘶嘶声般稍纵即逝，你可以克服诸多问题，而坚持自己生命的方向。但唯一的条件是，你要学习、遵守原则——掌握生命方向、自做主宰的原则。

这些原则专教人怎样领导自己的生命。我们很惊讶地发现，许多人对它们竟然茫然无知。

其实，除非他们深通那些原则，否则，他们并不能控制局面，而受挫于那些本来可以解决的问题。应时刻提醒自己，自做主宰，掌握

自己生命的领导权。

在生活中，我们的每一个决策都面临着风险，即使计划得再周密，也不可能没有风险。因此我们必须搞清楚虽然存在风险，但我们坚信决策是正确的，至少在大方向上没有错误。

人生最难办的事也许就是衡量自身的需要，决定是否要冒险才是对你最好的事。除了你自己之外，没有人能够评量你的冒险值得与否。你需要的是突破既有的束缚，看清自己的方向，决定自己的去路。

我们能不能学习对自己更负责一点呢？答案是："可以！"第一步是明白这是一件很费时的事。如你要学习一门外语，你必须花相当长的时间学习，才能运用自如。对你个人的事业负责，就和学习语言一样严格。

有效掌握你自己，固然非常重要，但了解这一点已经不容易了。

希尔的学生之一汤姆在"一战"之前的一次飞机失事中失去了两条腿。他躺在医院时，已经基本上失去了意识，但是在迷迷糊糊中，他听到两名护士在对话。其中一个说："这孩子也许坚持不住了。"

一向坚强的汤姆听到这话，决意坚持下去。结果令人们大感意外，汤姆不但活了过来，以惊人的速度复原，而且再度担任战斗机驾驶员，表现非常出色，有一次甚至从德国战俘营中逃脱——只用他的两条假肢。

意志力使汤姆从死亡线上挣扎了过来。此外还有许多例子显示了个人选择与决心的重要性。在抗癌成功者中，多数都具备这样一些心理特点：拒绝放弃希望，拒绝扮演病人角色，随时准备接受新观念等。他们对生命永远具有强烈的渴望。希尔说："这些人拒绝坏消息，他们拒绝相信自己的疾病，他们拒绝让自己更了解自己真实的情况。"

这不是理想，也不是不切实际，许多人正是因此而改变了自己的

一生。

身为电脑程序设计师的琼，宁可放弃自己的高薪职业，来攻读医学，她说："我迫切想做有长远价值的事。我决定改变整个人生方向，是经过无数痛心与悲伤才决定的，不过我现在的确很快乐。"对大多数人来说，他们在某种生活形态中待得太久，所以改变对他们来说是种不能承受的冲击。举一个完全真实的例子。一位高年级的大学生由于某种原因提出暂缓考试的要求，而这一要求没有被批准，这意味着这位学生的生活将发生某种改变，于是他自杀了。令人惊异的是，在他自杀前一个月中，他很平静地写了四封遗书，这令我们迷惑不解，一个如此坚定的自杀者为什么不把这种坚定放在面对改变上呢？答案只有一个，他认为结束生命与改变生命相对，他只能选择前者。改变对他来说是件可怕的事，但是如果他认识到他是一个对自己负责的人，那么他还会如此选择吗？

我们所讲的成为成功者，不是纸上谈兵的文字游戏。我们在某个时候必须走出大胆甚至狂妄的一步——"你是决策者"，这个简单而艰难的信息是你要面对的。希尔认为，每个人，都必须作改造我们生活的重人选择，如果我们不能了解我们每个人都掌握着自己命运的道理，就会缺乏意志力去塑造一项适合我们的希望、需要和能力的事业。

一位成功的业务主管麦克是这样理解的，他说："我学会了无论碰到如何棘手的情况，都能撑下去的技巧。其秘诀就是，从情况中超脱，从上往下看。如果只像迷宫中的老鼠那样乱窜，任何人都不可能成就一番不凡的事业。"希尔发现，成功的事业人，似乎都能站到机会的外侧，然后巧妙地做个人决定。只是，不论作何选择，事业人一定要采取积极的态度，努力开发每一个机会。

道格拉斯是一位事业顾问，服务于一家雇用 700 名员工的公司，他说："时常有人来找我，问我一个现实问题，'公司未来打算做什么来帮助我发展事业呢？'我只能回答：'什么也不做。'公司实在不可

能帮助任何人发展事业——除非他恰好是董事长的儿子。"

希尔得到的结论是想要在今天这个竞争的世界崭露头角，以消极态度或失败者的心态都不足以实现目标。经济、社会和政治上的变化速度，在逼迫人们成为自己命运的守护者。成功的事业人会仔细考虑各种选择而后行动，并且会与其结果共存共荣。

心灵悄悄话

成功者，还表现在即便是在不知不觉状况中的个人决定，也往往比我们通常所知的更能决定我们的现在和未来。而那些有意识倾注了坚定决心的决定，就更能让我们决定发展的方向。

做一株自立自主的木棉

跟随别人永远不会有自立的风景。是做一株自立自主的木棉，还是做一棵匍匐于架上的葡萄？靠别人也许会降低我们奋斗的艰难，可一旦我们的依靠走开，最终崩塌的却是我们自己的生活；靠自己我们要经历许多风雨的磨砺，有一天我们会老去，但我们必须明白，自己最可靠。

美国总统约翰·肯尼迪的父亲从小就注意对小肯尼迪独立性格和精神品质的培养。有一次，他赶着马车带小肯尼迪出去游玩。马车速度很快，突然在一个拐弯处，猛地把小肯尼迪甩了出去。当马车停住时，小肯尼迪以为父亲会下来把他扶起来，但父亲却坐在车上悠闲地掏出烟吸了起来。小肯尼迪叫道："爸爸，快来扶我。"

"你摔疼了吗？"

"是的，我自己感觉已站不起来了。"小肯尼迪带着哭腔说。"那也要坚持站起来，重新爬上马车。"小肯尼迪自己挣扎着站了起来，摇摇晃晃地走近马车，艰难地爬了上来。父亲摇动着鞭子问："你知道为什么让你这么做吗？"小肯尼迪摇了摇头。父亲接着说："人生就是这样，跌倒、爬起来、奔跑，再跌倒、再爬起来、再奔跑。在任何时候都要全靠自己，没人会去扶你的。"

从那时起，父亲就更加注重对小肯尼迪的培养，如经常带着他参加一些大的社交活动，教他如何向客人打招呼、道别，如何与不同身份的客人交谈，如何展示自己的精神风貌、气质和风度，如何坚定自

己的信仰等等。有人问他："你每天要做的事情那么多，怎么有耐心教孩子做这些鸡毛蒜皮的小事？"

"我是在训练他做总统。"约翰·肯尼迪的父亲一语惊人。

肯尼迪在父亲的栽培下，逐渐摆脱了依赖，自立自强，从而在成为总统的路上迈出了坚实的一步；而我们作为普通人，如果摆脱了依赖，就多了一份自主，也就向自由的生活前进了一步。

丰田汽车创立于 1957 年，由第一代领导人丰田喜一郎带领，他为丰田制造汽车的梦奠下良好的基础。

1950 年，丰田汽车由于大量借款陷入资金周转的危机，几乎濒临破产，在爆发大型劳工抗争运动的同时，丰田喜一郎决定与被裁撤的员工同进退而辞职。

新任社长由石田退三继任。在经历了高额举债所造成的大灾难后，他发布了丰田汽车未来发展最重要的策略思考主轴：绝对不轻易借钱。"自己的城堡，自己架设；自己的城堡，自己守护。"是石田退三留给丰田汽车最珍贵的遗产。因缺乏资金而体验到无比痛苦的经验，才有了绝对不依赖他人、要靠自力前进的决心。从此丰田汽车将绝不让金钱追着跑，把发展可以自由调度的资本视为经营第一大亨，充分落实了"无负债经营"的哲学。

1977 年，丰田汽车甚至被封了一个丰田银行的雅号，并且有能力提供顾客资金买车。他们没有太多的幻想，完全排除利用低利率从事高杠杆财务操作或企业经营，他们认为由别人来架设城堡无法赢得战争，所以在他们身上没有这样的内容，因此任何的突变都不会遮住他们的眼睛。这是他们在日本长达 15 年的经济低迷中，仍然在个人财富累积及企业产品销售中立足全球顶端的最重要内容。

后来，石田先生说："业内的人都嘲笑丰田'想在沙漠里种树'，但丰田人还是把树种出来了。不仅如此，在布满荆棘的道路上前进的丰田人还学会了独立自主。"当然这个过程是非常痛苦的，压力很大，困难很多，竞争激烈，然而"痛苦能产生进步。就算再痛苦，也要自己埋头钻研，有了这种气概，才能实现'独立自主经营'"。

心灵悄悄话

"自己的城堡，自己守卫"这是一种气魄，也是一种责任。在外界的冲击面前，任何人都是靠不住的，尤其是以金钱为枢纽的关系，只有靠自己开辟出一条路来，你才能闻到胜利的花儿的芳香。

证明你自己

从小到大，每个人都曾有过种种奇妙、瑰丽的梦幻，但渐渐地，由于他人的嘲讽、怀疑，自己的动摇、退却，梦终究还是梦。只有那些怀着高远梦想并全力圆梦的人，才会创造幸福的奇迹。将梦想半途摈弃的人，他们的人生终将平庸无为，而始终将梦想放在心中并且付诸行动的人，他们的人生才是真正有意义的、实现个人价值的，同样也是幸福的。

在电视剧《至尊红颜》里，唐太宗评价武媚娘时用了四个字："胆大心细"。千娇百媚的武媚娘沿着她的人生轨迹，在后宫佳丽里披荆斩棘，扶摇直上，最终成为中国唯一的女皇帝，也许真的是得力于她这一优秀的素质。然而，历史自有历史的演绎，人生却有着人生的不同。无论，你从事什么职业、谱写着怎样的人生，证明自己正确的最好方法之一就是努力去实现哪怕是最疯狂的梦想。

在法国的乡村，有一位普通的邮递员每天奔走于各个村庄，为人们传送邮件。

一天，他在山路上不小心摔倒了，不经意发现脚下有一块奇特的石头，看着看着，他有些爱不释手，最后他把那块石头放进了邮包。

村民们看到他的邮包里还有一块沉重的石头，都感到很奇怪。

他取出那块石头晃了晃，得意地说："你们有谁见过这样美丽的石头？"

人们摇了摇头："这里到处都是这样的石头，你一辈子都捡不完的。"可是，他并没有因为大家的不理解而放弃自己的想法，反而想用这些奇特的石头建一座奇特的城堡。

此后，他开始了另外一种全新的生活。白天，他一边送信一边捡这些奇形怪状的石头；到了晚上，他就琢磨用这些石头来建城堡的问题。

所有的人都觉得他是疯了，这根本就是不可能的事。

20多年以后，在他住处出现了一座错落有致的城堡，可在当地人的眼里，他是在干一些如同小孩建筑沙堡一样的游戏。

20世纪初，一位记者路过这里发现了这座城堡。这里的风景和城堡的建造格局令他慨叹不已，为此写了一篇文章。文章刊出后，邮递员希瓦勒和他的城堡就成为人们关注的焦点，甚至艺术大师毕加索也专程拜访。

今天，这个城堡已成为法国最著名的风景旅游点。

据说，那块当年被希瓦勒捡起的石头，被立在入口处，上面刻着一句话："我想知道一块有了愿望的石头能走多远。"

原来，人的心走多远，人的脚步走多远，美丽的梦就能走多远。

一个没有高远梦想的人就像一艘无舵的船，永远漂泊不定、心无所依，那么搁浅是必然的，由灰心、失望而导致失败也是在所难免的。

人生因梦想而美丽。心怀梦想，扬帆远航，即便是路途中遇到狂风暴雨，梦想也会像启明星一样，帮助我们渡过危难时刻，最终在平静的海面上无忧无虑地驰骋，实现人生的目标，实现自我的价值。

生活中总有那么一抹无法穿越的迷失，总有人不知道"在下一个路口，向左还是向右"？纷乱的生活给了我们太多的选择机会，太多的选择意味着太大的自由，这些自由让我们对曾经有过的梦想产生了怀疑。对梦想的怀疑乃是对自我的最大贬损。避免这样的事情发生的

方法有很多，然而这其中有哪一样比果断勇敢地去实现梦想更为有效呢？

著名的导演李安出道不久就拍《理智与情感》，面对的是在异域早已走红的影星，他自述时说自己当时真的很不安，可是既然做出了选择，也只有义无反顾，最后作品上映后引起了很大的反响。倘若，当初，他犹豫不决，不敢接手这部电影，与这么好的素材失之交臂的话，将是一个多么大的损失。倘若李安当初在这种疯狂的想法面前止步，他就不能证明自己，电影院也就失去了一个最具票房号召力的大师级人物。

兰斯顿·休斯说："要及时把握梦想，因为梦想一死，生命就如一只羽翼受创的小鸟，无法飞翔。不要因为想法太疯狂而对它产生怀疑，想要证明自己正确，那就努力去实现它。"

心灵悄悄话

毋庸太多词句的纠缠，也不必太多无谓的诠释，当命运华丽的面纱在眼前频频舞动时，当身险困境而玄机重重时，当"雾锁楼台，月迷津渡"时，都要相信自己，一心一意听从梦想的召唤，用果断和勇敢揭开命运的面纱，打开玄机，找到出路。

对自己说"我能行"

一心一意相信自己，除了有勇气对自己说"我能行"之外，更重要的是你有没有拒绝的勇气。拒绝是对自己全然自主的体现，生活赋予我们自由的天性，而一个"不"字则是对这种天性的最大限度地发挥。

汉斯刚参加工作不久，姑妈来看他。汉斯陪着姑妈把这个小城转了转，就到了吃晚饭的时间。当时汉斯身上只有20美元，这已是他所能拿出招待对他很好的姑妈的全部资金。他很想找个小餐馆随便吃一点，可姑妈却偏偏相中了一家很体面的餐厅。汉斯没办法，只得随她走了进去。

两人坐下来后，姑妈开始点菜，当她征询汉斯的意见时，汉斯只是含混地说："随便，随便。"此时，他的心中七上八下，放在衣袋中的手里紧紧抓着那仅有的20美元。

可是姑妈一点也没注意到汉斯的不安，她不住口地称赞着这儿可口的饭菜，汉斯却什么味道都没吃出来。最后的时刻终于来了，彬彬有礼的侍者拿来了账单，径直向汉斯走来，汉斯张开嘴，却什么也没说出来。

姑妈温和地笑了，她拿过账单，把钱给了侍者，然后对汉斯说："孩子，我知道你的感觉，我一直在等你说不，可你为什么不说呢？要知道，有些时候一定要勇敢坚决地把这个字说出来，这是最好的选

择……"

在人生的信念中，除了超越别人之外，是否也应该同时有"坚持自己"的决心和勇气呢？如果你能坚持下去，总有一天，连上帝都会为你屈服。我们所希望和赞美的勇敢不是体面地去死，而是勇敢地去生活。

勇敢在斗争中产生，勇气是在每天对困难的顽强抵抗中养成的。为了给自己争面子而"打肿脸充胖子"，最终吃亏和难受的还是自己。其实，如果做到实事求是、量力而行，懂得在适当的时候说出"不"字，就不会将自己搞得那么累。

心灵悄悄话

生活中，遇到力不能及的事情时要勇敢地学会拒绝。如果你拒绝说"不"。那么现实的生活将对你说"不"，做自己的主人，就不要放弃你说"不"的权利。

深层地认识自我

许多西方人，倡导过一种"简单的生活"。他们试着离开汽车、电子产品、时尚圈子，看能不能活得快乐，这被称为"草根运动"。他们强调简化自己的生活，并非完全抛弃物欲，而是要把人分散于身外浮华物上的注意力移出适当比例，放在人身上、精神上、心灵情感上，过一种平衡、和谐、从容的生活。

李洁大学毕业后进了一家刚起步不久的展览公司，该公司在一幢著名的办公楼里。依照流行的说法，她算是一个白领了。在这家公司里，李洁做得很辛苦，经常不计报酬地加班，终于脱颖而出，荣升为项目主管。

李洁远在日本的男友决定回国发展并且和李洁结婚。李洁等了五年终于修成正果；众人都为李洁高兴：婚姻美满，事业顺利。婚后李洁怀孕了，还是双胞胎，医生嘱咐她静养保胎，然而这在工作超繁、压力超强的展览公司里是不能做到的。

李洁的丈夫犹豫了："你还非常年轻，事业刚刚起步，孩子我们以后还是可以有的。李洁说："不，这是最好的礼物，我能拥有它，是最大的幸福。"李洁辞去了工作，获得了两个可爱的儿子。后来，李洁在一家公司里做协调员。因为两年没工作，李洁要从头做起。

她以前供职的展览公司一跃成为著名跨国展览公司，举办了国际广告展会，从前的同事也全部升为项目经理，职位、薪金比李洁高许多。而李洁依旧快乐地工作着、生活着。不久，在新的公司里，她终

于以工作业绩博得了上司青睐，家庭也依然和睦。

故事中的李洁是一个有个性、懂得享受生活的人。这一切都源于她有一个平和的心态。她清楚地知道自己想要什么，不要什么。她没有被世俗的观念以及急功近利的浮躁所俘获，而是按照自己的方式，放弃了别人眼中所谓的成功，选择了一种简单舒适的生活。

英国哲学家伯兰特·罗素说过，动物只要吃得饱，不生病，便会觉得快乐了。人也该如此，但大多数人并不是这样。很多人忙碌于追逐事业上的成功而无暇顾及自己的生活。他们在永不停息的奔忙中忘记了生活的真正目的，忘记了什么是自己真正想要的。这样的人只会看到生活的烦琐与牵绊，而看不到生活的简单和快乐。

简单生活是快乐的源头，为我们省去了许多烦恼，也为我们身心的解放开拓了更大的空间。简单生活并不是要你放弃追求，放弃劳作，而是说要抓住生活、工作中的本质及重心，以四两拨千斤的方式，去掉世俗浮华的琐事。卡尔逊说："简单生活不是自甘贫贱。你可以开一部昂贵的车子，但仍然可以使生活简化。一个基本的概念在于你想要改进你的生活品质而已。关键是诚实地面对自己，想想生命中对自己真正重要的是什么。"

泰勒是纽约郊区的一位神父。那天，郊区医院里一位病人生命垂危，他被请过去主持临终前的忏悔。他到医院后听到了这样一段话："我喜欢唱歌。音乐是我的生命。我的愿望是唱遍美国。作为一名黑人，我实现了这个愿望，我没有什么要忏悔的。现在我只想说，感谢您，您让我愉快地度过了一生，并让我用歌声养活了我的六个孩子。现在我的生命就要结束了，但我死而无憾。仁慈的神父，现在我只想请您转告我的孩子，让他们做自己喜欢做的事吧，他们的父亲会为他们骄傲的。"

一个流浪歌手，临终时能说出这样的话，让泰勒神父感到非常吃惊，因为这名黑人歌手的所有家当，就是一把吉他。他的工作是每到一处，把头上的帽子放在地上，开始唱歌。40 年来，他用苍凉的西部歌曲，感染他的听众，换取他应得的报酬。他虽然不是一个腰缠万贯的富豪，可他从不缺少快乐。他过着简单的生活，有着一颗容易满足的心。

　　泰勒神父在之后的一次演讲中提到了这件事，他总结道："原来最有意义的活法很简单，就是做自己喜欢做的事，并从中发掘到一颗容易满足的心灵。"

　　其实简单是一种生活的艺术与哲学。简单生活是简单主义者的生活选择，无论是田园隐居，还是返璞归真，抑或自愿选择一贫如洗。值得提醒的是："自愿。"简单只是途径而不是目的。首先是外部生活环境的简单化。当你不需要为外在的生活花费更多的时间和精力的时候，也就为内在的生活提供了更大的空间与平静。之后是内在生活的调整和简单化，这时的你可以更加深层地认识自我本质。现代医学已经证明，人的身体和精神是紧密联系在一起的，当身体被调整到最佳状态时，精神才有可能进入轻松状态；而当人的身体和精神进入佳境时，人的灵魂，也就是人的生命力才更加旺盛。

　　一位得知自己将不久于人世的老先生，在日记簿上记下了这段文字："如果我可以从头活一次，我要尝试更多的错误，我不会再事事追求完美。我情愿多休息，随遇而安，处世糊涂一点，不对将要发生的事处心积虑地计算。可以的话，我会多去旅行，跋山涉水，更危险的地方也不妨去一去。过去的日子，我实在活得太小心，每一分每一秒都不容有失，太过清醒明白，太过合理。如果一切可以重新开始，我会什么也不准备就上街，甚至连纸巾也不带一块。如果可以重来，我会赤足走在户外，甚至整夜不眠。还有，我会去游乐园多玩几圈木马，多看几次日出，和公园里的小朋友玩耍……只要人生可以从头开

始。但我知道，不可能了。"

他是个彻头彻尾的商人，活在尔虞我诈的商场。他曾经倾尽全力、亲力亲为，弄得自己心力交瘁。为此，他总能找到借口自我安慰："商场如战场，我身不由己呀，我身不由己！"直到临终一刻，老先生才彻底醒悟，生活不需要很多钱，简单生活，让自己快乐才是最珍贵的。

心灵悄悄话

"只有简单着，才能从容着、快乐着。"不奢求华屋美厦，不垂涎山珍海味，不追时髦，不扮贵人相，过一种简单自然的生活，一种外在的财富也许不如人，但内心享受充实富有的生活。这是自然生活，有劳有逸，有工作的乐趣，也有与家人共享天伦的温馨、自由活动的闲暇。

第四篇 >>>

培养自主能力

人生充满了矛盾和曲折，回避了一个矛盾，不可能回避所有的矛盾；我们暂时求得了父母的帮助，但不可能终生求助父母。面对人生的坎坷曲折，青少年朋友必须勇于接受并自主地去解决，只有这样，才能尽早地培养自己的自立能力，做一名适应生活的强者。

"自古雄才多磨难"。面对挫折，青少年应当拿出勇气和耐心，并对自己说："风雨中这点痛算什么！"主动出击，迎接挑战，学会自立，直面挫折，笑对挫折，把挫折当作前进中的踏脚石，然后拥抱胜利。

自立自强，直面挫折

歌德曾这样说过："我一生基本上只是辛苦工作。我可以说，我活了75岁，没有哪一个月过的是真正舒服的生活，就好像推一块石头上山，石头不停地滚下来又推上去。"

罗曼·罗兰说："天才免不了有障碍，因为障碍会创造天才。"记得巴尔扎克说过："苦难是人生的老师。"这是一个普遍的现象：即便是成功者和大人物，他们在事业的开头也往往是以挫折和失败为开场白的，而且即便日后获得了成功之后，还经常会碰到挫折，这一点与一般人对功成名就的成功者的理解并不相同。

贝多芬的一生充满了痛苦：父亲的酗酒和母亲的早逝，使他从小失去了童年的幸福。当别人家的孩子还在无忧无虑地享受欢乐和爱抚的时候，他却必须像大人一样承担起整个家庭的重任，并且成功地维持这个差点陷入破灭的家庭。这是命运赐予他的第一个磨难，但这磨难并没有击垮他。

后来，由于家庭的缘故，他青年时期就失意孤独，而当能在步入创造力鼎盛的中年时，他又患耳疾，双耳失聪。对于一个音乐家来说，还有比突然耳聋的打击更沉重的吗？贝多芬一生中几次濒于崩溃的境地，他在32岁时就写下了的遗嘱。但后来，在他还是顽强地战胜了命运的打击。他曾经大声呼喊："我要扼住命运的咽喉，它绝不能把我完全推倒。"即便是在困难重重最痛苦的时候，他还是凭着自己的坚强斗志完成了清明恬静但又激昂奋斗之情的《第二交响曲》。

他一生经历无数次挫折与磨难，但是，每一次痛苦和哀伤都被他转化为欢乐的音符与壮丽的乐章。他的一生就是一部交响乐。故而，他后来被人们称为"交响乐之王"。

音乐家贝多芬的事例向我们阐述了一个道理：逆境出人才。大剧作家兼哲学家萧伯纳曾经写道："成功是经过许多次的大错之后才得到的。"在通常情况中，经历过无数次的痛苦失败才能得到伟大的成功。成功出于从错误中学习，因为只要能从失败中学得经验，便永不会重蹈覆辙。所以，失败就如冒险和胜利一般，它也是生命中必然具备的一部分。

当青少年遇到挫折时，应该记住：每一次失败都是供其再踏上更高一层的阶梯。当然，在这途中，我们难免会感到灰心与疲惫，但我们要知道，就像世界重量级冠军詹姆士·柯比常说的："你要再战一回合才能得胜。"每一个人的内在都有无限的潜能，但除非你知道它在哪里，并坚持用它，否则毫无价值。所以，在遇到困难时，你要再战一回合。

其实，在生活中，每个人都不可避免地会遇到一些挫折与困难。对此，作为青少年，决不能低头，而应以一种积极的心态，理智、客观地分析挫折产生的原因，并采取恰当的方法来克服挫折。应感谢挫折，生活因此而丰富，人生的体验因此而深刻，生命也因此而更趋完美。不经历风雨怎么见彩虹。其实，没有人能够随随便便成功。只要我们以积极健康的心态去面对困难和挫折，就可以做到"不在失败中倒下，而在挫折中奋起"。

在诸多时候，挫折也是人生旅途上的一块巨石，青少年只有利用它，才可在砥砺精神刀锋的同时开掘生命的金矿，从自信、乐观、勇敢、诚实、坚韧之中找到人生的方向。

之前，我们介绍了2005年度感动中国十大人物之一洪战辉的事例。

艰难的生活让洪战辉学会了自立、自强，以至于在人们向他伸出援助之手时，他选择了拒绝："不接受捐款，是因为我觉得一个人自立、自强才是最重要的！苦难和痛苦的经历并不是我接受一切捐助的资本。一个人通过自己的奋斗改变自己劣势的现状才是最重要的。"

古人云：天将降大任于斯人也，必先苦其心志，劳其筋骨。这个世界，确实存在太多问题，也许有太多不如意，但是生活还是要继续。无论面临什么样的挫折，都可以看作是上帝给予的恩赐，目的是要锻炼自己。美国伟大的演说家爱默生曾说过："每种挫折或不利的突变，是带着同样或较大的有利的种子。"古希腊伟大的哲学家毕达哥拉斯这样说过："短时期的挫折比短时间的成功好。"而生活中这样的人还有很多："当代保尔"张海迪已与病魔抗争了至今，带给人们宝贵的精神财富和热情洋溢的笑容。在艰辛和病痛面前，他们选择了自立和坚强，选择了责任和担当。在他们看来，只要脊梁不弯，就没有扛不起的重担；只要精神不垮，就没有解不开的难题。

"自古雄才多磨难"。面对挫折，青少年应当拿出勇气和耐心，并对自己说："风雨中这点痛算什么！"主动出击，迎接挑战，学会自立，直面挫折，笑对挫折，把挫折当作前进中的踏脚石，然后拥抱胜利。

💗 灵悄悄话

挫折是福，注定我们在岁月中搏击风浪、经历考验，从而奠定更加坚固的基础，谱写出美好的人生之歌。

自立不是一意孤行

　　在如今这个时代，绝大部分的青少年都是独生子女。父母、爷爷奶奶、外公外婆都视之为宝贝，青少年从小就在6：1的重重关怀之下成长，过度的宠爱往往导致青少年在日常生活中严重依赖亲人，依赖朋友，造成其长大以后生活自理能力极差。

　　曾有这样的报道：一个正在读初一的少年，面对没有剥壳的鸡蛋，竟不知如何下口，因为平时都是父母剥好壳送到嘴边的。这正是青少年由于溺爱导致过度依赖的典型例子。

　　苏格拉底的一个学生，曾经向他请教如何才能获得真理。苏格拉底在认真思考了一番后，用手指捏着一个苹果，慢慢地从每个同学身边经过，一边走一边对同学们说道："请大家注意集中精力，注意品味空气中的味道。"

　　然后，他回到讲台上，把苹果晃了晃，问道："哪位同学闻到了苹果的味道？""我闻到了，一股浓厚的香味儿！"一个同学随声附和道。

　　苏格拉底再次走下讲台，举着苹果，从每个同学的座位旁边路过，一边走一边叮嘱道："你们一定要集中精力，再次嗅一下空气中的味道。"

　　几分钟后，苏格拉底第三次走到同学中间，让每一位同学亲自近距离嗅一下苹果的味道。

　　这一次，除了一个同学之外，其他同学都举起了手。那位没有举手的同学左右望了一下，也慌忙地举起了手。苏格拉底脸上的笑容刹那间荡然无存了。他举起苹果，缓缓地说道："这只是一个假苹果，其实它一点味道也没有……"

当代青少年，是祖国未来的希望，我们不能做那个连鸡蛋都不会剥的孩子，更不能做生活中的"残疾人"，什么都要依靠他人。一个人最终会长大，早晚要独立，这是不争的事实。独立行走，使人脱离了动物界而成为万物之灵。

当青少年跨进青春之门的时候，进入青春期后就开始具备了一定的自立意识，但对别人尤其是父母的依恋常常使其感到困惑。

一方面青少年们想要自立，另一方面又觉得离开了父母的帮助让自己感到很不舒服，还有一些青少年理解错了自立的意思。家长希望慢慢长大的孩子自己学会自立，但是自立不是让你我行我素地去做事情，自立不是让你什么事情都不要告诉家长。

青少年应找好自立与依赖家长之间的平衡点。毕竟绝大多数青少年还是未成年人，有些事情其判断能力还达不到理想中的高度。自立不是使其一意孤行，而是在接受家长的意见之后，再自己做最后的决定。

随着青少年的成长，呈现在他们面前的物质世界的形态日益复杂。

自然科学知识的灌输，生活经验的积累，既可使原先认为是复杂的事物变得简单，同样，也可使原先以为是简单的事物变得复杂起来。

这种主观体验上的演变，增加了青少年的焦虑，在他们心目中，知识的积累反而给思维造成了空前的混乱，原先清晰透明的世界，现在却变得"混沌不堪"了，他们感到了茫然，无所适从。

如果说儿童的自我意识近似于一张白纸，成年人的自我意识是一幅布局有序的彩图，那么，青少年时期的自我意识却像已经涂满了五

自 立

颜六色的颜料，还是一幅无法辨认的水彩画草图。因此，这个时候青少年应不要害怕长大，不要拒绝改变，只有循序渐进地独立自主，才能在有朝一日的明天自力更生。

心灵悄悄话

当你跨进青春之门，你开始具备一定独立的自我意识，自我意识就是个人对自己的行为以及自己在社会生活中所处的地位和所起作用的认识。

独立思考的重要性

思考好比播种，播种愈勤，收获也愈丰，独立思考者才能品尝到金秋的琼浆玉液，享受到大地赐予的丰收喜悦。

正如伟大的物理学家爱因斯坦所说："学会独立思考和独立判断比获得知识更重要。不下决心培养思考习惯的人，便失去了生活的最大乐趣。"

青少年应培养自己善于独立思考的习惯，循序渐进地认清世界，体味人生，思考自己的未来。

华罗庚曾说过："科学的灵感，绝不是坐等可以等来的。如果说，科学上的发现有什么偶然的机遇的话，那么这种'偶然的机遇'只能给那些学有素养的人，给那些善于独立思考的人，给那些具有锲而不舍的精神的人，而不会给懒汉。"

的确如此，通过思考，人们能够得出与前人有所不同的东西。因此，青少年最重要的就是学习一切有用的知识，在此基础上培养自己独立思考的良好习惯。

伟大的科学家爱因斯坦，在晚年就非常重视培养青少年勤于思考的习惯。

他在晚年的时候，住在一个小村子里。邻居家有一个漂亮的 12 岁女孩，她每天放学后都来看望这位白发苍苍的科学家爷爷。爱因斯坦也喜欢经常检查她的功课和作业。

有一次，这个小女孩拉着他的手亲昵地问他："爱因斯坦爷爷，

这道题怎么做?"爱因斯坦和蔼地说:"孩子,要学会思考,不要一碰到困难就向别人伸手。"

有时,爱因斯坦会对小女孩稍加启发地说:"我给你指个方向,不过,答案还得用你的头脑去找!"

原来,在爱因斯坦小时候,他就是个爱思考问题的孩子。还记得那个坐在鸡蛋上孵小鸡的他吗?他在 14 岁时,能够自学几何和微积分,在自学中一旦遇到困难,他总是细心琢磨反复思考,直到实在算不出来时才向别人请教:"给我指个方向吧!"可是,还没等人家开口,他就提出了自己的要求说:"不要把答案全部告诉我,留着让我思考!"

直到后来,他用自己思考的力量成了一位杰出的科学家。当人们赞誉他对人类做出的巨大贡献时,他笑着说:"学习知识要善于思考,思考,再思考。我就是用这个方法成为科学家的。"

对于正在求学的青少年而言,培养自己独立思考的能力、规范独立思考的良好习惯是十分重要的。

青少年最主要的任务就是学习,只有学习一切科学文化的知识,将来才能为报效祖国打下坚实的基础。但是,有些青少年只是机械地死记一些书本上的知识,使自己的大脑成为知识的仓库,自己从来都没有经过思考,这样的做法在学习中是不可取的。

在不断学习的过程中,虽然对知识的记忆很重要,但独立思考才是更重要的。我国古代伟大的教育家孔子曾说:"学而不思则罔,思而不学则殆。"这是对学和思的关系所做的最为精辟的论述。学习和思考两者不可偏废,特别是在 21 世纪知识大爆炸的背景下,青少年具备独立思考的良好习惯尤为重要。

如果青少年遇事缺乏思考,智者就会变愚。青少年培养自己独立思考的意识,是使愚者成为智者的一把金钥匙;规范自己独立思考的良好习惯,是使自己发现新的知识、通向成功之路必备的桥梁。独立

思考的青少年，是非常自信的青少年。一个在学习中经常怀疑自己的青少年是不敢怀疑书本的。若青少年不能敢于质疑，其在以后的人生路上，是不可能做出惊天动地的事业来的。

古希腊著名的哲学家赫拉克利特曾说过："博学并不能使人智慧。"只有在学习和生活中善于独立思考的青少年，才能开出智慧的花朵。培养自己在学习上独立思考的意识，其实质就是在学习知识的过程中一切知识都要经过自己头脑的消化。当然，在学习的过程中，有些机械的记忆和模仿是必要的，但最终都要把它变成自己的东西，融入自己的思想中去。在学习中如果不能独立思考，在学海中随波荡舟，人云亦云，那样就会没有目标，不知飘向何方。

但是，对青少年而言，独立思考并不是使其胡思乱想，它需要一定的理论知识为基础。假如一些青少年的脑袋里一无所有，那么任凭其如何独立思考，也是不会思考出什么"奇特"的东西来的。完全独立的"独立思考"的人们在这个世界是不存在的，人们总是在吸取前人有益遗产的基础上，才能进行独立思考，以得出与前辈们多少有所不同的东西来。因此，对于青少年而言，最重要的是要学习所有对我们有用的知识，从而在此基础上培养自己独立思考的良好习惯。

有一次，比尔问一个七八岁的女孩："你长大以后想当什么？"女孩很自信地答道："总统。"全场观众哗然。比尔做了一个滑稽的吃惊状，然后问："那你说说看，为什么美国至今没有女总统？"女孩不假思索地回答道："因为男人不投她的票。"全场一片笑声。比尔问道："你肯定是因为男人不投她的票吗？"女孩不屑地回答："当然肯定。"比尔意味深长地笑笑，对全场观众说："请投她票的男人举手。"伴随着笑声，有不少男人举手。比尔得意地说："你看，有不少男人投你的票呀。"女孩不为所动，淡淡地说："还不到三分之一。"比尔做出不相信又不高兴的样子，对观众说道："请在场的所有男人把手举起来。"言下之意，不举手的就不是男人，哪个男人"敢"不举手。在

第四篇 培养自主能力

115

哄堂大笑中，男人们的手一片林立。比尔故作严肃地说："请投她的票的男人仍然举手，不投的放下手。"

比尔这一招比较厉害，在众目睽睽之下，要大男人们把已经举起的手，再放下来，确实不太容易。这样一来，虽然仍有人放手下来，但"投"她的票的男人多了许多。比尔得意扬扬地说道："怎么样？'总统女士'，这回可是有三分之二的男人投你的票啦。"沸腾的场面突然静了下来，人们要看这个女孩还能说什么。女孩露出了一丝与童稚不太相称的轻蔑的笑意："他们不诚实，他们心里并不愿投我的票。"许多人目瞪口呆。然后是一片掌声、一片惊叹……

这就是典型的美式独立思考。没有独立思考的青少年，就没有自立性。那么，青少年应该如何培养自己独立思考的习惯呢？

首先，青少年应明白独立思考的重要性，建立这方面的意识，产生独立思考的热情。由于现行教育制度的缺陷，也许有的科目不需要独立思考，只要死记硬背，也能取得较好的成绩，但无论是哪方面的知识，只有在思考、理解的基础上才能更好地加以记忆。这样，青少年才能懂得独立思考的意义，主动进行独立思考能力，逐步养成独立思考的良好习惯。

其次，青少年应多参加一些进行独立思考的活动。对于独立自主、独立思考的活动，哪怕是还存在一些缺陷和不足，也要让自己多参加。至于出现的一些问题，可以让老师或同学帮忙解决。不要小看这独立思考的小火星。"星星之火，可以燎原"。"自古成功在尝试"。只要敢于独立思考，就说明其是一个不拘泥于现成东西的好学生，这一点是十分可贵的。

最后，青少年要克服自己高不可攀的心理。有些青少年只要一提起独立思考，便会直摇头："老师讲什么，我们就学什么；书本上说什么，我们就背什么。独立思考，那是科学家的事。我们哪有这个本事啊！"的确，科学家需要独立思考的能力，但独立思考也并非高不可攀、可望而不可即的。其实，对老师讲的有不同意见，经过思考向老师提出来就是一次独立思考的过程。还有，对书上的习题提出与教师不一样的解法，在无形中也是一种独立思考。

心灵悄悄话

　　青少年应在学习与生活中敢于进行独立思考，善于进行独立思考，从而逐步培养自己独立思考的良好习惯。

积极进取，改变自己

大的成功是由小的成功积累起来的，这就需要在成绩面前永不满足，不断前进，需要有积极进取的精神。有了这种精神，就能在生活和事业上不断给自己提出新目标，为实现目标不断做出努力。

成功的路上不可能一帆风顺。只要青少年们始终向上攀登，不断进取，努力了总会有回报的，不要叹气，命运是你自己改变的。

社会中知道积极进取的人为数不少。张广厚在考中学的时候，因为数学不及格而未能考上，但是他并没有为此而放弃自己学习的梦想，相反，他在一步步走近数学的圣殿，最终成为享誉世界的数学家。这就是败也数学，成也数学，他所靠的就是不怕困难、积极进取的精神；身残志坚的张海迪，虽然双腿不能走路，却凭着自己自息不强、积极进取的精神，最终攀上自己理想的高峰。

汤姆·霍普金斯是全美四大推销大师之一。从小就背负着父亲希望他当律师的期许，当他浪费了父亲毕生的积蓄，从律师学校休学回家时，他的父亲对他流下失望的眼泪，并对他说："汤姆，我看你这辈子都不会成功了"！

汤姆在第二天就离家出走，开始踏入社会，他选择了推销房地产的行业。前六个月，汤姆一点业绩也没有，身上只剩一百元，又花了这仅有的一百元参加了加强推销技巧的研讨会。之后，他连续八年得到全美房地产的销售冠军，得到了最后的成功：环游世界，成了一名出色的导师，教导无数业务员推销的方法。

也有不少人问及他成功的秘密是什么。他说："支持我遇到挫折也勇往直前的是一个信念：成功者绝不放弃，放弃者绝不成功。"

积极进取，既体现了一个人对生活的态度，同时也体现出了不断追求的精神。这是时代的要求。俗话说："逆水行舟，不进则退。"我们所处的时代是一个飞速发展的时代，要想跟上时代的步伐，就必须不断学习，否则就会落伍，就会被社会所淘汰。

人生道路上，并不是一帆风顺的，而是困难重重、布满荆棘的，但只要有不断进取的心，有永不退缩的精神，就能够战胜困难。

进取心是成功的起点。有了进取心，我们才可以充分挖掘自己的潜能，实现人生的价值，充分享受人生的甘美。我们才能扼住命运的喉咙，把挫折当作音符谱写出人生的激情之歌。我们才能在生命中留住青春的激情和朝气。

进取心，是驱使一个人在不被吩咐该做什么事情之前即主动去做应做的事，它可以激发人抗争命运的力量，是取得成功和创造卓越的原动力。

拥有进取心的人，必定有着活跃的思维、渊博的知识，这样的人不管有没有所谓的成功与地位，在周围环境的人群中必将受到尊重，其自身价值就能得以完全地展现。

1832 年，林肯失业了，这使得他非常伤心，可他并没有在失败中沉沦下去，而是下决心要当政治家，当州议员。

令人糟糕的是，他竞选失败了。在一年里遭受了两次不小的打击，这对他来说无疑是非常痛苦的。

紧接着，林肯开始着手自己创办企业，可是还没有经历一年的风雨，这家企业就倒闭了。在以后的 17 年里，他为了偿还企业倒闭时所欠的债务而过着到处奔波、充满磨难的日子。

随后，林肯又一次决定参加竞选州议员，这次他成功了。他内心

萌发了一丝希望，认为自己的生活从此便会出现转机："可能我可以成功了！"

1835 年，他订婚了。可就在他准备结婚的前几个月里，他的未婚妻不幸去世。面对这个不幸的事实，他的精神终于支撑不住了，他心力交瘁，数月卧床不起。1836 年，他被确诊为神经衰弱症。

两年的时间过去了，林肯觉得身体状况有所好转，于是决定竞选州议会议长，可他又一次失败了。1843 年，他又参加竞选美国国会议员，但这次依然没能取得成功。

虽然林肯一次次地尝试，可失败也一次次地降临：企业倒闭、爱人去世、竞选败北。要是一个普通人碰到这一切，或许他会说放弃，而林肯却不会这么做。他是一个聪明人，他具有执着的性格，他没有放弃，他也没有说：要是失败会怎样？

1846 年，他又一次参加竞选国会议员，最后终于被选上了。

两年任期将要过去时，他打算让自己争取到连任。他认为自己作为国会议员表现是出色的，相信选民会继续选举他。但结果很令人遗憾，他落选了。

由于这次竞选的失败，他赔了一大笔钱。林肯接着申请当本州的土地官员。但州政府把他的申请退了回来，上面指出："作本州的土地官员要求有卓越的才能和超常的智力，你的申请未能满足这些要求。"

接下来的两次又是失败。在这种情况下，如果是你，你会坚持继续努力吗？你会不会说"我失败了"？可林肯没有服输。

1854 年，他竞选参议员，可结果仍然是失败；两年后他竞选美国副总统提名，结果被对手击败；又过了两年，他再一次竞选参议员，结果还是未能取得成功。

林肯尝试了 11 次，可只成功了 2 次，他一直没有放弃自己的追求，他一直在做自己生活的主宰。1860 年，他当选为美国总统。

亚伯拉罕·林肯遇到过的敌人你我都曾遇到过。可是他面对困难没有退却、没有逃跑，他怀着勇往直前进取的心态坚持着、奋斗着。他压根就没想过要放弃努力。他不愿放弃，所以他取得成功是必然的。

一个人要想成就一番大事业，就要有勇往直前的决心，遇到困难怀揣一份进取心，那么就必定会取得成就。有人说："进取心是魔术大师，它可以把你的潜能发挥到极致。"人的进取心，加上不屈不挠的精神和健康的身体，就能创造奇迹。行动吧，人生要活得有价值就要靠进取心，实现人生宏伟目标靠进取心，施展才智靠进取心。

进取心是人类智慧的源泉，它就好像从一个人的灵魂里高竖在这个世界上的天线，通过它可以不断的接收和了解来自各方面的信息。它是威力最强大的引擎，是决定我们成就的标杆，是生命的活力之源。

进取心可以使人的感情变得丰富。由于不断更新的知识，会使人容纳更多的东西，视野更为开阔、心胸更为宽敞。进取心还能够促使人有强烈的求知欲，让人多去了解世界，得到更多的知识，对世间事态更多了解与更明朗，从而也就不会浪费生命，就等于延长了生命。

一个人的心胸有多大，舞台就有多大。进取心和想象力是成功的起点，也是最重要的身体的资源。目光高远，时刻想着提高和进步是成功者最重要的习惯。

进取心塑造了一个人的灵魂。我们每个人所能达到的人生高度，无不始于一种内心的状态。当我们渴望有所成就的时候才会冲破限制我们的种种束缚。如果一头牛不想喝水，你无法按下它的头。而一个不想进步的人，即使拿鞭子抽他，他也不可能有出色的表现。一个没有进取心的人，我们怎么能奢望他付出更多的努力去培养其他的良好习惯呢？

生活中，一个人在工作上的进取心决定了他的职业目标。强烈追求提高自身价值，不断充实自己，吸收新的知识，与时代俱进，尽量

保持不让时代淘汰，而不断创新体现在社会中自身的价值，不断地提升进取心。青少年在学习上也是如此的。进取心是使个体具有目标指向性和适度活力的内部能源，认真而持久的努力是个体取得成功的前提，而具有进取特质的个体也就具有了成功的基石。责任心强的人常能够审时度势选择适度的目标，并持久地、自信地追求这个目标，责任心强的人其事业容易成功。进取心是成功者的发动机，是你成功的阶梯，是搭建在平凡和杰出之间的一座桥梁，是能够获得打开成功之门的秘密武器。

拿破仑·希尔告诉我们，进取心是一种极为难得的美德，它能驱使一个人在不被吩咐应该去做什么事之前，就能主动地去做应该做的事。

进取精神，还体现在不折不挠的意志。由于决定胜负的因素多种多样，其中许多因素不可预测和控制，因此战场上的失败在所难免。多去应战，可以多胜，但不能完全保证必胜、全胜。智者千虑，必有一失，这是规律。甚至屡战无功，这也并不足为奇。有时失败正是胜利的转机，咬着牙坚持下去，胜利的曙光就会出现。这样的事屡见不鲜。如果一蹶不振，事业便从此终止。所以贝多芬说："卓越的人一大优点是：在不利与艰难的遭遇里百折不挠。"战场上的最后胜利者都有前仆后继、失败了再干的毅力。进取，必须面对失败；进取，必须战胜失败！

心灵悄悄话

青少年朋友在生活中，要时刻去保持那种勇往直前、不断进取的决心，无论做任何事情，都不要放弃，要有敢于去面对的心态。只有这样，才能找到真正的自我，锻炼自己，才能拥有一个向上的人生。

善于激发责任心

花有果的责任，云有雨的责任，太阳有光明的责任……大千世界，万事万物，都有各自的责任。青少年，更应该唤起潜藏的责任心，勇于承担属于自己的责任。

作为青少年，一定要懂得如何唤起自己的责任心。平时可以有意识地做一些力所能及的事情，认真将其做好，经常去体验责任的含义，并承担一定的责任压力。对于自己完成任务质量要经常进行评价，如果没有完成自己所定下的任务，不要为自己找理由，要学会自我反省，看问题到底出在哪里，以便下次不再犯同样的错误。时间长了，便会开始重视自己所做之事，将其看作是一种必须完成的任务，是一种责任，从而认真地去做。

巧妙地唤起自己的责任心

查理在幼小的时候具备很强的责任心，不管他在家里还是在外面，他的父母都会有意识地经常让他充当一些有意义的角色，使他认识到自己对他人是有价值的，这样既能够有效地培养他的责任心，又能较好地培养他的自信心。

查理小的时候特别调皮，常常与邻居家的孩子一起毁坏花圃。为此，他的父母便总是会耐心地和他讲道理，但收效不大，往往是说过之后有所收敛，但几天之后又开始在花园里胡闹。有一天，父亲告诉查理，说自己想要在花园里再种些东西。

自 立

说者无意听者有心，查理忽然对此特别感兴趣。于是，便将邻家的几个小孩叫到花园里，对他们说："花园里现在还有一些空地，爸爸说要在上面种上一些花草，你们说该种些什么才好呢？"

"玫瑰！玫瑰花特别好闻，而且还很好看。"玛丽首先喊道。"不，那里边已经有玫瑰了。我认为还是种些草莓，既好看又好吃。"查理发表了自己的不同意见。

"我认为应该种樱桃，樱桃吃起来很有美味。"吉姆迫不及待地说道。"可是樱桃长得实在是太慢了，我们得等到什么时候才能吃得上啊？"……

孩子们一直在七嘴八舌地讨论着，异常兴奋。后来，查理将伙伴们的想法都告诉了父亲。随后，他和父亲一起用了几天的时间，在空地上种上了草莓、樱桃、郁金香等植物，而且给每个孩子都分配上了任务，轮流在花园里松土、浇水和施肥。孩子们的积极性很高，为了争取多一点任务还差点吵了起来。自从掌握了小花园管理权以后，他们再也不践踏花园了，而且还成了花园的维护者。

悟性极高的查理正是用一种巧妙的办法，不仅唤起了自己的责任心，也唤醒了伙伴们的责任心。这就是责任心的魔力。当孩子们感到自己有责任管理花园之后，他们过剩的精力就被引向了正途，而不再是一种令人烦恼的破坏力量。孩子们通过劳动，不仅能够体会到收获的喜悦，而且会为自己日渐增长的能力而产生一种自豪感。

倘若缺乏一定的责任心，那么，不管我们的能力有多高，也不可能会成为一个身心健康的人。事实上，没有责任心的人也不可能具有很高的能力，因为责任是一种良性的压力，能使自己充分体会到自身存在的重大价值，同时为加强这种价值而开始更加努力。

对于家庭有强烈责任心的青少年，将来一旦接触到了社会，便会将自己的责任心扩展到整个社会。如果一个青少年没有在家庭中培养出这种责任心，那么，对社会和人类的责任感就无从谈起。没有了责任心，也就没有能够促使他们进步的良性压力，这样的青少年将来自然不可能会取得什么大的成就。

如果能够培养和正确引导自己的责任心，社会就会因此而出现越来越多的优秀人才。为自己创造机会，青少年应学着承受一定的责任，让自己在生活中懂得人与人之间需要互相帮助、互相照顾、互相支持，给自己多一些实践的机会。

不善于激发与正确引导自己的责任心，不仅会养成不愿承担责任、不体谅父母的习惯，还会缺乏责任心，如今早已成为不计其数青少年在成长过程中的痼疾，很难设想这样的青少年在长大以后，会给年迈的父母带来多少的快乐，人生会有什么大的起色。

一些成长在艰苦的环境中的青少年，由于他们在小的时候就深知父母为了生存所付出的辛苦努力，往往会积极地参与家庭生活，主动为父母分忧解难。他们看到父母为了一家的生活而辛勤工作，就会感到自己肩上的责任，希望有一天能为父母分担。责任心会使这些青少年从小看到生活的意义和自己的作用，从而产生一种强烈的自豪感，并且会对未来充满美好的愿望和自信心。

从小就要有一定的责任心，从小学会为父母分挑担子。每个家庭都是汪洋大海上的一叶扁舟，如果青少年能够与父母同心同德，那么任凭风吹雨打，其永远都会是一艘不会沉没的舟。

为自己打开一扇通向外界的窗口，遇到烦恼或者无法解决之事，可以向大人们倾诉，懂得父母的不易以及生活的艰辛，努力为父母分担忧愁，试着向他们提供一些有价值的建议。

心灵悄悄话

青少年要根据自己的具体情况，结合自己所属类型，有效地激发自己的责任心。强烈的责任心会使人体会到一种巨大的成就感。

命运掌握在自己的手中

总能听到一部分青少年这样说道："我的幸福寄托到你身上了，你要为我负责啊！"然后自己整天做着这样那样的白日梦。一旦有一天，梦醒了，发现还是孤身一个人，什么也没有，其中的滋味也只能一个人品尝。其实这都是对自己不负责任的表现。

人生在世，不要总是想着把自己的幸福寄托在别人身上。这个世界没有谁欠谁的。

要想过得幸福，过得自在随意，无论物质还是精神都是一个富足人的话，那就只有靠自己的双手与智慧踏踏实实，脚踏实地地埋头苦干。唯有这样，一分耕耘，才会有一分收获。

求人不如求己

有一种植物，它的身体又软又细，它就沿着别的植物往上爬。后来它的枝叶慢慢茂盛起来，还结出了诱人的果实。路人都夸它不但长得好看，连结的果子都这么好吃。

可是有一天，一个木匠上山砍树。这个木匠看它旁边的那棵大树长得很好，做房梁正合适，就决定要把它所依附的那棵大树给砍掉。

木匠拿出斧头，砍起树来。

这时候它害怕起来，想离开大树。可是它平时缠得太紧了，现在分都分不开了。

最后大树倒下了，它也跟着断了。

如果它能自己生长，就不会落得这般下场了。人生也一样，什么事情都要靠自己去争取，去努力。不要妄想把希望寄托在任何人身上，对于自己而言，自己才是最可靠的。这里就有一个依靠自己自立自强的例子。

有一个叫麦克的孩子加入了学校的垒球队。他每天很努力地练习，可是每到比赛的时候，他总是不能正常发挥，总是球队里最差的一个。

为此，他感到非常的沮丧与苦恼，甚至想要离开球队。他觉得自己留在这里就是在拖后腿，实在是太丢人。

他的教练老师得知了他的心事之后，就把麦克叫来对他说："麦克啊，你知道吗？其实你很棒，只不过你的手套有些问题。这样吧，我给你换一副手套。这副手套有一个特异功能，凡是带上它的人，都能变得很出色。我保证你能成为队里最优秀的队员。"

麦克听了之后非常高兴，就拿着新手套去继续参加训练了。结果，他每天都有进步，打得越来越好了。于是他就问教练这手套是否真的有魔力。

教练对他说："其实，这手套跟你以前带过的没有任何不同。只不过是你对自己有信心了。这样在你的刻苦训练下，你的成绩当然就会越来越好啊。你要记住，要想获得成功，就只能依靠你自己！"

由此可见，在困难的面前不要幻想有人来帮你，能够帮你的只有自己。不要把生活幻想得多么美好，也不要幻想在生活四季中享受所有的春天，每个人的一生都注定要跋涉沟沟坎坎，品尝苦涩与无奈，经历挫折与失意。

你可能被撞得头破血流，可能伤痕累累而变得身心疲惫。可是无论什么时候，都要相信自己，因为一个人未来的发展，不是依托外部

环境来左右的，那种期盼贵人相助或借助外力来改变自己的命运，是不切实际的。人生真正的幸福莫过于用自己的力量取得成功所换来的喜悦。对于青少年而言，自己本身就是自然界最伟大的奇迹。

成功的道路，并非一条充满鸟语花香的康庄大道，而是充满荆棘与陷阱的坎坷征途。漫漫人生路，有谁能说自己是伴着一路鲜花，一路阳光走过来的？

又有谁能够放言自己以后不会再遭到挫折和打击，我们没有看到成功的背后往往布满了荆棘和激流险滩！如果因为一时的失败就轻易地说放弃，到头来后悔的只是自己。如果因为害怕失败而丢掉前行的勇气，就永远看不到理想的影子。

有些青少年相信生死由命，富贵在天。其实，命运天注定之类的话只是那些不想努力奋斗的人自我安慰的一种说法。所谓命运在自己手心里，并不是说手相可以代表的。手心里的那几条纹路只不过是岁月给你留下的印迹，并不能真的说明什么。人的命运其实是可以改变的。

曾经有这样一句话：世上从来就没有什么救世主，也没有神仙皇帝。因此只有挖掘出自身的潜在价值与能力，才能使生命绽放异彩，永葆青春。要创造自己的幸福，改变自己的命运，必须依靠自己的努力与付出。

是丰衣足食，还是穷困潦倒，关键得看你如何选择。假如你努力向上，自立自强，不抛弃希望，不放弃理想，生活也会回赠给你一个微笑；反之如果你无所事事，不思进取，生活也将给你应有的惩罚。生命的好处，正是在你努力时才像春天吐芽一般，一点一点地显露出来。

人生的魅力，在于时时可以从痛苦的阴冷角落里启程，走向光明的远途，走向没有遗憾的未来。

即使千帆过尽，还有满载希冀的第1001艘船。只要心中有梦想，不自暴自弃，生活就不会抛弃你。

与其抱怨命运的不公，倒不如振作精神奋起直追。滴水足以穿石。你每一天的努力，即使只是一个小动作，持之以恒，都将成为明日成功的积淀。

所有一点一滴的耕耘，在时光的沙漏里滴逝后，萃取而出的成果都将成为让众人羡慕的"成功之果"。

心灵悄悄话

人生是一条看不到尽头的路。对于青少年而言，应把命运掌握在自己手中。只有这样，在艰难前行的道路上才会充满希望与成功！

自己是最可靠的帮手

一个渔夫钓了半天鱼，傍晚准备回家的时候，他做出了一个令人不解的举动，那就是把钓到的大鱼放回水中，只留下小鱼。旁边的人不明白他为什么这么做，问何故，他说道："因为家里只有小锅，放不下大鱼。"渔夫的回答实在是可笑之极，没有大锅难道就没有别的办法了吗？

在心理学上，这种现象被称为"心理设限"。

自我设限是一种较为严重的心理误区。具有这种心理的人往往过分地贬低自己的才能，认为别人是不可超越的，从而使得自己不敢涉足一些原本可以涉足的领域。

在现实生活中，就有许多喜欢为自己设限的人，如在追求目标的过程中，如果几个回合下来，没有达到自己预期的成效，就会产生"我不行""我根本不是做这件事的料"等消极想法。一个人如果总是给自己设限，那么无形当中就仿佛真的给自己套上了一副枷锁，不能放开手脚去做事。

"自我设限" 是失败的第一步

有人这样说过，人类的悲哀不在于他们不去努力奋斗，而是在他们总是爱给自己定下许多的条条框框，而这些条条框框大大地限制了他们想象的空间、创造的潜能和奋进的范围。

科学家曾经做过一个非常著名的试验，他们将一只十分凶猛的鲨鱼和一群热带鱼放在同一个池子，但是在它们中间用了一块透明的玻璃板隔着。

刚开始，鲨鱼看到热带鱼时，急于想将它们变成自己的腹中之物，于是就每天不停地冲撞那块透明的玻璃，它哪里知道这只是徒劳的呢？

实验人员每天都会拿来一些鲫鱼来喂鲨鱼，它并不缺少食物，但是它总想去到对面，尝一尝对面的美味佳肴。接下来的时间里，鲨鱼仍然不断地冲撞那块玻璃板，它几乎试过了玻璃上的每个部位，每一次都是用尽全力，可是每次都把自己撞得伤痕累累。每当玻璃上出现一些裂痕时，实验人员就会马上换一块更厚的玻璃。

后来，鲨鱼对于对面的食物渐渐失去了兴趣，它不再去撞玻璃板，它开始等着每天固定投喂的鲫鱼。它期待着回到海中呈现它那不可一世的凶狠霸气。但是这一切，只不过是一种假象而已。到了试验的最后阶段，实验人员将玻璃取了出来，但是鲨鱼依然没有任何反应，它只是在自己固定的区域里游着，放弃了之前的追逐。实验结束了，实验人员讥笑这条鲨鱼是海里最懦弱的鱼。

的确，鲨鱼是极为可笑的，因为一试再试却没有成功，就放弃了最后的努力，即使它的面前什么也没有，有的只是可以手到擒来的美味。不过，人们在嘲笑鲨鱼的时候，是不是也应该自省一下呢？在现实生活中，不是有很多像鲨鱼这样的人吗？遇到了一些困难和挫折时，他们没有斗志昂扬地奋斗到底，而是选择了放弃，这样的人最终注定会碌碌无为。

为何不再试一试呢？你上一次没有成功，并不代表这次也不会成功，你在南方运气不佳，并不意味着北方同样也是一败涂地。不是吗？成功已经近在咫尺了，只要你再努力一下，将会看到"柳暗花明"的新景色。

成功始于"自我解限"

宋朝著名的禅师大慧，门下有一个弟子道谦。道谦参禅多年，但是仍然无法开悟。一天晚上，他诚恳地向师兄宗元诉说自己的烦恼，并想请求师兄帮忙。宗元听了他的话说道："如果我可以帮你的忙，那我当然非常乐意，只不过有三件事情我的确无能为力，你必须依靠自己的力量去完成。"道谦连忙向师兄请教是哪三件事情，宗元回答说："当你的肚子感到饥饿口渴时，我不可能帮助你去吃饭，也不可能帮你喝水，你必须自己饮食；当你想要大小便时，我更是一点忙也帮不上，你只能靠你自己；最后，除了你自己，任何人都无法驮着你的身子在路上走。"道谦听后，心里顿时豁然开朗，快乐无比。他意识到自己原来也拥有很多力量，很多事情别人是无法帮自己完成的。

是的，没有人能够帮助你，只有自己才是最可靠的帮手。有人曾说过，你生命中唯一的限制，就是你头脑中给自己的限制。道谦不就是这样一个人吗？可当他受到师兄的启发以后，开始明白：其实人的潜能是很多的，只要你愿意，就有无限的潜力可以发掘。你可以张扬生命的活力，尽情释放自己的才华，可以让自己的生命绽放纯美的华彩。放眼望天下，伟人与天才并不是天生的，他们与常人最大的不同在于：他们敢于追求、敢于超越，不会因为别人的技高一筹或是挖苦讽刺而降低自己的目标，或是丢弃自己的信心。他们不会轻易地改变自己的决定，除非经过自己的实践后确实行是不通的。

实际上，很多人在认为自己不行的时候，往往就隐藏着成功的苗头。所谓的"不行"，只是自己给自己画的一条线而已，只要你再努力一下，只要换一种思考方式，就能够看到胜利的曙光，就会发现原来困难也不过如此。

成功，应该首先始于一个人的意愿。当一个人失去了生活的动力，甚至是万念俱灰时，不论旁人如何为他鼓劲，结果都是"无药可救"的，你不愿成功，谁拿你也没办法；但如果一个人有了"不达目的誓不罢休"的念头时，不论周围有多少的反对声，他们即使"上刀山下火海"，也在所不惜。你想成功，谁都阻挡不了。

心灵悄悄话

　　中国不是有句古话叫"行百里者半九十"吗？如果你想获得成功，就不能为自己设限。如果你已经为自己设限，那么就必须鼓起勇气去冲破限制。

第五篇 >>>

学会自立

总有一天我们会长大，许多事情都要自己去解决，自己去面对。我们不能事事都依赖于他人。须知不懂自立的人就会被社会所淘汰。从个人到国家，自立则是坚强的后盾。青少年朋友快从你们的温室中出来吧，因为在温室中永远也长不大，学会自立、懂得自立，才会成为国家的栋梁之材！

有人活着，分分秒秒都是煎熬；有人活着，却感觉时间不够用；有人活着，稀里糊涂……生命的形状、色彩只在于我们的选择，多一分幸福，少一分后悔，才是智者的生活哲学。

培养独立思考的能力

每个人对别人都有一种依赖性，在家依赖父母，依赖爱人，在外依赖朋友，依赖同事。然而，生活中最大的危险就是依赖他人来保障自己。将希望寄托于他人的帮助，便会形成惰性，失去独立思考和行动的能力；如果将希望寄托于某种强大的外力上，那么自己的意志力就会被无情地吞噬掉。

卡耐基说："为了成功地生活，青少年必须学习自立，铲除埋伏于各处的障碍。家庭要教养他，使他具有为人所认可的独立人格。"所以，不要再惧怕困难，扔掉心里的那根拐杖吧！

诚然，比起依赖别人，少了拐杖的确累得多，但是，与其现在因依赖而享受，不如靠自己的独立奋斗为将来获得更大的成就打好基础。哈佛教授们就不主张依靠拐杖，他们认为拐杖永远只能是外力，短时间内，你可以依赖它省时省力，但从长久看来，拐杖反而是潜伏的危机。拐杖使你养成了依赖心理，培养了你的惰性，当有一天拐杖不在时，也许你已经不具备奔跑的能力。所以，要想奔跑，拐杖绝不是支撑你的力量。

自强自立是指只靠自己的能力行动和生活。不论碰到什么问题，都要自己动脑筋思考，要用自己的力量去克服困难；自强自立是依靠自己的努力，立足于社会。自强自立是现代社会人所必备的素质，不能自强自立的人，必然会被激烈竞争的社会所淘汰。

哈佛教授经常告诫他们的学生们，任何期望靠他人施舍来生活的想法都是可耻的。世上最不可靠的就是他人的施予，因为施予者可随

时收回他们的财物、关爱，而自立的人生才会更亮丽。

自强自立就是不依赖别人，不安于现状，勤奋、进取，靠自己的劳动生活，依靠自己的努力不断向上，以此获得精神与物质的满足。自强自立是良好的观念、也是可贵的精神。自强自立的人，不论在工作、学习还是在生活上，凡是能自己做的，都不会依赖别人。我们要把依赖别人、不思进取、不努力看作是没有出息的表现，是不光彩的行为，而将通过自己的努力创造美好生活和获得的事业成功看作是一种莫大的荣耀。

黄昏时刻，有一个人在森林中迷了路。天色渐渐地暗了，眼看黑幕即将笼罩，黑暗的恐惧和危险一步步移近。

突然，眼前出现一位流浪汉。他不禁欢呼雀跃，上前叫住流浪汉，探询出去的路途。这位陌生的流浪汉很友善地答应帮助他。走呀走，他发现这位陌生人和他一样迷了路，于是他失望地离开了这位迷途的陌生伙伴，再一次回到自己的路线上来。

不久，他又碰上了第二个陌生人，那人肯定地说自己拥有逃出森林精确的地图，他又跟随这个新的导引，终于发现这人所谓的地图只不过是他自欺欺人而已。

于是他陷入深沉的绝望之中，他曾经竭力询问他们有关走出森林的知识，但他们的眼神后面隐藏着忧虑和不安。他知道，他们和他一样的迷茫。他漫无目的地走着，一路的惊慌和失误，使他彷徨、失落并恐惧。无意间，当他把手插入口袋时，摸到了一张正确的地图。

这时他若有所悟地笑了：原来它始终就在这里，只要从自己本身去寻找就行了。从前他只是忙着询问别人，反而忽略了最重要的事——回到自己身上寻找。

许多人习惯于依赖别人，却忘记了向自己求助。实际上，最值得信赖的除了自己还能有谁呢？父母会离我们而去，朋友间也不会有不散的筵席，对他们的依赖只能持续一段时间而不能长久地依靠。学会依赖自己，才是摆脱困难的最好方法。

每个人都是可以自立的，然而真正能充分发挥自己独立能力的人却很少。依赖他人、追随他人，按照他人的想法去做事，自然要比自己动脑筋轻松得多。但是若事事都有人替我们想、替我们做，必定无益于我们事业的成功，也不利于我们的成长。要使我们的力量和才能获得发展，不能依靠他人而只能靠自己。一个能抛弃凭借，放弃外援，只依赖自己努力的人，才能得到真正的胜利。

自强自立是一种品质、一种精神、一种动力，是中华民族几千年来铸成的精髓所在。自强自立就是永远向上，积极进取，永不懈怠，发奋图强，面对生活中的各种困难和挑战，永不屈服、后退，勇于并善于克服自己的缺点和弱点，以自己的不懈努力求得生存和发展。

心灵悄悄话

生活中，懒惰和依赖会使我们的人生充满悲剧，会使人缺乏独立自主的能力和精神，甚至丧失人格；贪图享受的人，也是无法在社会生活中自立的。只有自强自立，才能创造出美好的未来；也只有自强自立，才能让我们掌握自己的命运。

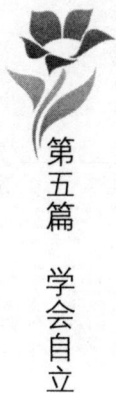

命运不是机遇，而是选择

有个哲学家说过："命运不是机遇，而是选择。"对于我们，生命是怎样的呢？生命的形状、色彩只在于我们的选择，多一分幸福，少一分后悔，才是智者的生活哲学。有这样一个故事：

第一天，神创造了一头牛。神对牛说："你要整天在田里替农夫耕田，供应牛奶给人类饮用。你要工作直至日落，而你只能吃草。我给你50年的寿命。"牛不满："我这么辛苦，还只能吃草，我只要20年寿命，余下的还给你。"神答应了。

第二天，神创造了猴子。神跟猴子说："你要娱乐人类，令他们欢笑。你要表演翻筋斗，而你只能吃香蕉。我给你20年的寿命。"猴子不满："要引人发笑，表演杂技，还要翻筋斗，这么辛苦，我活10年好了。"神答应了。

第三天，神创造了狗。神对狗说："你要站在门口吠，你吃主人吃剩的东西。我给你20年的寿命。"狗不满："整天坐在门口吠，我要10年好了，余下的还给你。"神答应了。

第四天，神创造了人。神对人说："你只需要睡觉，吃东西和玩耍，不用做任何事情，只需要尽情享受生命。我给你20年的寿命。"人抗议："这么好的生活只有20年？"神没说话。

人对神说："这样吧。牛还了30年给你，猴子还了10年，狗也还了10年，这些都给我好了，那我就能活到70岁。"神答应了。

每个生灵都有选择权，有什么样的选择就意味着你过什么样的生活，所以人们要把握住自己的选择权，无论是人还是事都是一样，要想得到自己想要的东西，就要懂得如何选择。

　　"你们替我决定吧！""我随便，你们商量去吧！""怎么都行！"不知道你的生活中是否经常有这样的话出现。

　　表面上看来，这些话显示出你很随意的性格，但严肃地分析这些话，你可能会被我们的结论吓一跳——这种随便的态度是在敷衍自己的人生。

　　人生本来就是无数个选择的叠加，我们每天都会作出很多的选择。选择了上课听讲，便不能选择在校园外自由自在地玩耍；选择了研究文学，便不能同时研究物理。时间是线性流逝的，我们在任何一秒钟都有选择的权利，也只能选择保持一种状态。这每一秒组合起来，就是我们的人生。很多著名的人物，他们都是用这种明确的价值观在指导着自己的选择。

　　在大自然看来，每一个生命都是鲜活灵动的，不管是啼哭的婴儿，还是摇晃着学走路的羊崽，或者是一颗美丽繁茂的树，他们都恣意地生长着，他们都有自己的力量，每一种生物都可以为自己做选择，因为，选择就在他们自己的手里。

　　可是，有人却将这项权利拱手交给别人，于是这样的情形司空见惯：

　　"妈妈，我明天穿什么衣服？"
　　"爸爸，你说我是学画画还是学跳舞？"
　　"你们帮我决定上哪个大学吧！"

　　这样时间长了，就很容易养成依赖别人的习惯，变得懒于思考，也逐渐地失去了选择的愿望，选择的能力更无从培养。

　　"我不知道该怎么选择！"

　　"我不敢去选择！"

第五篇　学会自立

自立

"能不能不去选择？"

选择是艰难的，因为选择就意味着要有取舍，而无论做什么选择，都意味着要放弃其中之一，于是你退缩了。但你也许想不到，你很可能会因此变成一个懒惰的人，没有主见、没有勇气，在遇到问题时，你一定会恐慌而且不知所措，你的思考和行动能力也会逐渐地削弱。

因此，不管是在学习上还是生活上，你全都变得被动起来。所以，每个人都要牢牢地把握住自己的选择权，这样的人生也才更完整。

选择并不是一件简单的事情，不仅要懂得自主地选择，更要学会如何选择。而诀窍就在于不要因他人的言论和判断束缚了自己选择的步伐，任何时候，让自己的心做行动的向导，它会带你去到那个你想去的地方。

伊夫琳·格兰妮是世界上一流的打击乐独奏家。她曾说："从一开始我就决定：一定不要让其他人的观点阻挡我成为一名音乐家的热情。"

格兰妮8岁时就开始学习钢琴。日子如流水般滑过，徜徉在音乐世界的她毫无倦怠，她的热情与日俱增。

然而，不幸的事情发生了，她的听力渐渐下降，医生们断定这是由于神经损伤造成的，而且这种损伤难以康复，并且还断言到12岁时，她将彻底耳聋。虽然她非常震惊，甚至非常绝望和悲痛，但她仍然执着地爱着音乐。

她的理想是成为打击乐独奏家，而在当时并没有这么一类音乐家。为了演奏，她学会了用不同的方法"聆听"其他人演奏的音乐。她穿着长袜演奏，这样她就能通过身体和想象感觉到每个音符的震动，她几乎用她所有的感官来感受着她的整个声音世界。

虽然丧失了听觉，她依然决心成为一名音乐家，于是她向伦敦著名的皇家音乐学院提出了申请。

她的演奏征服了所有的老师。最后，她打破了这个学校从来不收聋学生的传统，顺利地入了学，并在毕业时荣获了学院的最高荣誉奖。

从那以后，她就致力于成为第一位专职的打击乐独奏家，并且为打击乐独奏谱写和改编了很多乐章。

格兰妮一直坚持她自己的选择，她不为传统或世俗所左右，甚至是医生的诊断也不能阻止她。她终于成功了，她成了世界上第一位专职的打击乐独奏家。

著名的电影《肖申克的救赎》中有一段经典对白，是无数硬汉心中的座右铭："不是忙着生存，就是忙着死亡。"选择坚强生活，还是选择消极等待死亡，这一切都由我们自己来选择。

生活中的你尝试过做选择吗？在学习和游戏之间、在交友和树敌之间、在谦逊和逆反之间？你又是否感受到了选择的巨大力量，感受到了自己的价值？

心灵悄悄话

当你轻视自己的选择权利时，它就真的无足轻重；当你重视自己的选择权利时，它又会变得举足轻重。用汽车大王亨利·福特的话来说，无论你认为自己能还是不能，你都是对的。既然如此，为何不选择认为自己能呢？

坚持走自己的路

一个人最糟的事就是不能成为自己，不能在身体上与心灵中保持自我。如果你能确定自己是正确的，就要勇往直前走下去，而不要犹豫不决，也不要太在意别人的看法。

一群蛤蟆在进行比赛，看谁先到达一座高塔的顶端。周围有一大群蛤蟆在看热闹。比赛刚开始，便听到围观者一片嘘声："太难为它们了！这些蛤蟆无法到达目的地，它们不会创造奇迹的。"蛤蟆们开始泄气了，可是还有一些蛤蟆在奋力摸索着向上爬去。围观的蛤蟆继续喊着："太难了！你们不可能到达塔顶的！"其他的蛤蟆都被说服渐渐停了下来，然而这个时候，只有一只蛤蟆一如既往继续向前，好像没有听到大家的嘲笑声，并且更加努力地向前。

比赛结束，其他蛤蟆都半途而废，只有那只蛤蟆以令人不解的毅力一直坚持了下来，竭尽全力到达了终点。

其他的蛤蟆都很好奇，想知道为什么就它能够做到。大家惊讶地发现——原来它是一只聋蛤蟆！

可见总是听信于别人，便会丧失自己的原则与立场，而与成功无缘。之所以我们要走自己的路，完全是因为我们每个人都是独特的——永远不要忘记这一点。你是要成功还是要听别人的话？如果有人说，你无法实现你的梦想，那么，你就做一个"聋子"！

梦想再加上坚持自己的主见，这是所有成功者的公式。一个勇于选择自己人生走向的人，往往具有顽强的意志力，他们能在一连串的挫折中经受住考验，从而锤炼自己的意志力，使自己成为一个勤奋、勇敢和富有创新精神的人。

有一位年老的智者的儿子，因为觉得自己长相不佳，所以不愿出门。有一天，智者对儿子说："你和我一起出去。"

他们一大清早就离开家门。年老的智者骑着驴，儿子走在他身边。这时有人就开始议论纷纷。"看看这个人，他骑在驴上休息，却让他可怜的儿子走路。"第二天，他儿子骑驴，智者在一旁走着。这时又有人说："你们看看这孩子，一点教养都没有，自己骑驴，让父亲走路。"第三天，智者和他的儿子都在走路，他们用绳子拖着驴出门。"瞧瞧这两个傻瓜！他们居然走着，好像不知道驴子是用来骑的。"那些人又在议论。第四天，当他们离开家时，两个人都骑在驴子上，那些人大声表达他们的愤怒："真是可怜啊！看看这两个人，他们对这头可怜的驴子丝毫没有同情心！"

于是智者立刻对他的儿子说："你听清楚了吗？不论你做什么，人们总是能找得到理由批评你，这就是为什么你不应该担心他们的看法，而应该做你认为对的事，走你自己的路。"

智者与儿子无论怎么做，都会有人来议论，那么他们按着谁的意见去做呢？其实最好的方法就是按着自己的意愿去做。

小的时候，每个人都有宏大的理想。但是后来呢？当我们年岁增长到可以去实现自己的理想时，来自四面八方的压力一拥而至。我们耳边不断萦绕着别人的议论："别做白日梦了！""你的想法不切实际、愚蠢、幼稚可笑。"在这些议论的连番轰炸之下，我们要么完全放弃，要么半途而废。不是事情绝对不可能成功，而是太多的消极意见使你丧失了走向成功的勇气。只有那些真正意志坚定的人，才能冲破这些消极意见，走向成功，而且是接连不断的成功。

自立

上帝曾把1、2、3、4、5、6、7、8、9、0、10个数字摆出来，让面前的十个人去取，说道："一人只能取一个。"人们争先恐后地拥上去，把9、8、7、6、5、4、3都抢走了。取到2和1的人，都说自己运气不好，得到很少很少。

可是，有一个人心甘情愿地取走了0。有人说他傻："拿个0有什么用？"有人笑他痴："0是什么也没有呀！要它干啥？"这个人说："从零开始嘛！"便埋头不言，孜孜不倦地干起来。他获得1，有0便成为10；他获得5，有0便成了50。他一心一意地干着、一步一步地向前。他把0加在他获得的数字后面，便十倍十倍地增加。终于，他成为最成功、最富有的人。

走什么样的路是由自己决定的，不要在乎别人怎么看，自己认为对的就一直向前，那么成功的大门才会敞开。

高情商的人都是有主见的人，他们的生活准则是："走自己的路，不管别人说什么。"既不打肿脸充胖子，也不去赶时髦和做力不从心的事。

戴维·克罗克特有一句很简单的座右铭："确定你是对的，然后勇往直前。"每一个人，无论是凡夫走卒还是英雄人物，总有遭人批评的时刻。事实上，越是成功的人，受到的批评就越多。只有那些什么都不做的人，才能免除别人的批评。真正的勇气就是秉持自己的信念，不管别人怎么说。人，就要活出自己的风格来。

心灵悄悄话

真正成功的人生，不在于成就的大小，而在于是否努力地去实现自我，喊出属于自己的声音，走出属于自己的道路。

靠自己双手创造未来

想要成功你就不能只是一味地走别人为你铺就的路，能靠别人帮忙固然不错，但是把希望全部寄托在别人身上，就有可能是希望越大失望越大。因为再牢靠的靠山，都有倒塌的时候，唯有自己才是最可靠的支撑。人得学会走自己的路，学会自立自强。要知道，靠自己双手创造的东西更加美好，更加有意义。

美国有一名大学生名叫马丁·库帕，大学毕业后他没有找到工作。在花完身上的钱后，他感觉找工作的事情迫在眉睫，于是他决定去乔治的公司碰碰运气。库帕从小就很喜欢无线电，他对这位无线电界的资深人士非常崇拜。他想，如果他可以得到乔治的指点，他一定可以取得像乔治那样的成就。当他走进乔治的办公室后，看到乔治正在专心地研究无线电话。

库帕颤巍巍地站到了乔治的身边，小声地说出了他藏在心里的话："尊敬的乔治先生，我是一名无线电爱好者，我想留在你们公司工作。当然，如果您能让我留在您的身边，我会感到很荣幸，我不求您给我薪水……"库帕的话还没有说完，乔治就打断了他的话，眼中充满了藐视地说："请问你是哪一年毕业的？之前从事过无线电行业吗？"库帕说："我今年刚大学毕业，还没有找到工作，但是我很热爱无线电……"乔治不耐烦地打断他的话："我想你可以出去了，请不要妨碍我工作。"库帕听后原本忐忑不安的心却平静了下来，他从容地对乔治说："乔治先生，您现在是在研究移动电话吧。我想我可以

帮您的忙。"乔治听后很惊讶，眼前这个年轻人居然知道他在研究移动电话，但是他觉得库帕毕竟年轻，缺少经验，还不能成为自己的助手，因此依然没有把他留下来。

就这样过了很多年，1973年的一天，有一名男子站在纽约的街头，手中拿着一块约有两块砖一样大的东西，那便是第一部移动电话。把它拿在手中的那名男子就是当时被乔治拒之门外的马丁·库帕。现在，他是美国摩托罗拉公司的一名工程技术人员。他拿着那个电话拨通了乔治的号码："乔治先生，我现在正在用一部便携式无线电话和您通话呢！"

乔治做梦也没有想到，那位当时被他拒之门外的大学生居然比他先发明出了移动电话。现在，移动电话已经非常普及了。而它的发明者马丁·库帕的名字也家喻户晓。当记者采访马丁·库帕时，问："如果当时乔治先生接受了你，你一定会帮助乔治发明移动电话吧，那么今天的成就就不属于你，而是属于乔治先生了。"马丁·库帕却这样回答："你错了，先生！如果当时乔治先生接受了我，我们或许研制不出来这部移动电话。正是因为他把我拒之门外，不想让我在他那里学到东西，我受到了这样的屈辱，但是我却没有因此而放弃，我把那份屈辱化成了动力，重新开辟出了一条研制移动电话的道路。如果没有这种动力，或许我们联手也研制不出来。"

从库帕的话中我们得到这样的启示：人一定要坚持，即使被人不信任，你也一定要自己相信自己的能力。同时我们更要受到这样的启发：把成功的希望寄托在他人对自己的帮助上，往往会让人产生一种惰性，而寄托在自己身上，才能够全力以赴，并最终做出令人叹服的成就。因此，每个人都要学会自强，懂得自立，要时刻牢记：求人不如求己。

古人云："将欲取之，必先予之。"这句话便是告诉我们付出与得到之间的关系。付出了或许没有回报，但不付出就一定不会有回报。

对于一个处处算计别人、贪图小便宜的人，他不会幸福满足地生活在世界上，因为人的欲望是无穷的，贪图便宜也没有止境。因此，为了获得内心的富足，就要学会付出。我们付出的目的不是为了寻求回报，但是回报却不会因为我们不求就不来，选择了付出，就会拥有得到回报的机遇。

大商人爱特·威廉的名字全英国可以说是无人不知、无人不晓。可是有多少人了解他在创业初期，竟然全是靠接受别人的馈赠而一步步发展起来的？难道天上真的掉下馅饼让这位大商人捡到了？是的，这馅饼就是冲着爱特·威廉掉下来的，只不过他的这种"捡"来的便宜是源于他长期的付出。

在爱特·威廉20岁的时候，他还是一个天天在河边靠打鱼为生的青年。他每天都过着同样的日子，根本没想过自己能有什么辉煌的成就。有一天，一位过河人的钻戒不小心掉进了河里。他很着急，于是就请路过的威廉下水帮他把钻戒捞上来。威廉二话没说，就跳下了水。反反复复地扎到水中二十多次，仍然没有找到那枚钻戒。威廉没有放弃，他让那位过河人稍等，回到村庄把全村的男人都请到了河边，请他们下河帮忙找那枚钻戒，费了大半天的工夫，终于把钻戒找到了。本来钻戒失而复得是一件值得高兴的事情，但是过河人却有些犯难了。因为他原本只打算给威廉一英镑的打捞费，却没有想到威廉请来了那么多人，又用了那么长的时间，这使得过河人难以决定付给他们多少钱。但是没有想到当威廉把钻戒还给他时，并没有要求过河人给他多少报酬。

不久后，那位过河人又路过那条河边。他看见威廉正坐在河边闷闷不乐。原来，这条河里的鱼已经被人们打捞得差不多了，威廉很难再靠打鱼为生了。过河人就对威廉说："年轻人，你可以不在这里打鱼了，我给你找个打气补胎的活儿做，一样能养活自己。"威廉很高兴地接受了。从此，他就在路边做修补轮胎的活儿。在威廉看来，这

份工作完全是那位过河人馈赠给他的。

在那儿干了没多久，有一天，一辆小车停在了威廉的小店前，车上的人要找一枚很特殊的螺丝，否则他的汽车将没办法正常行驶。威廉找遍了整个小店都没有找到那枚螺丝，但威廉并没有就此罢休，他骑着自行车，到六七里地外的另一家修车店，又找了好久，终于找到了那枚螺丝。当他满头大汗地飞奔回来，把螺丝装在那辆车上时，车主决定给他十英镑。但是威廉却没有要，他说这是一颗陈放了好久的螺丝，没有什么成本。

威廉就是如此真诚的一个人。不久，那辆小车又停在了威廉的店前。这次他不是来修车的，而是特地来给威廉一个五金店让他经营的。威廉知道后很是惊讶，很不理解对方的用意。对方告诉他："你是我所遇到的最真诚的人，你很值得别人信任，我很放心把这家店交给你来经营。"在威廉看来，这个五金店简直是天上掉下来的馅饼。

当然了，此后的日子里，威廉得到的馈赠远不止这些。或许他自己也不知道，正是因为他的诚恳，因为他热心的态度以及他不求回报的奉献的精神，感动了身边所接受过他帮助的人。

这个世界上，那些不计成本的付出往往都会让我们深深感动，让我们的心灵为之感到深深的震撼。这种无私的奉献是伟大的，许多奇迹的发生、机遇的降临与之前无私的奉献是紧密相关的。仔细想一想世上的人和事，你就会发现，事实上确实没有天上掉馅饼的事。

心灵悄悄话

那些所谓捡到天上掉下来的馅饼的人，不是没有原因的，他们之前必定是无私地付出过。没有无缘无故的馈赠，你得相信，上帝是公平的，那些馈赠，都来自你曾经的真诚付出。

不依赖任何人

生命当自主。一个永远受制于人，被人或物"奴役"的人，享受不到创造之果的甘甜。自主是创新的激素、催化剂。人生的悲哀，莫过于别人替自己选择，结果成为被别人操纵的机器，从而失去自我，所以我们要自立自强，要抛开我们所依赖的拐杖，自己走路。

人生之路上有人靠自己的力量成为百万富翁，他的经历让人羡慕和惊叹。但倘若他没有丢弃生活的拐杖，没有脱离对父母的依赖，又何来后面的发展呢？比起依赖别人，少了拐杖的确累得多，但是，与其现在因依赖而享受，不如靠自己的独立奋斗为将来获得更大的享受。

人若失去自我，是一种不幸；人若失去自主，则是人生最大的缺憾。赤橙黄绿青蓝紫，每个人都应该有自己的一片天地和特有的亮丽色彩。你应该果断、毫无顾忌地向世人宣告并展示你的能力、你的风采、你的气度、你的才智。在生活道路上，必须自己做选择，不要总是踩着别人的脚印走，不要总是听凭他人摆布，而要勇敢地驾驭自己的命运，调控自己的情感，做自己的主宰，做命运的主人。

美国石油家族的老洛克菲勒非常主张培养个人的独立性。有一次他带着小孙子爬梯子玩，当小孙子爬到不高不矮（不至于摔伤的高度）时，他原本扶着孙子的双手立即松开了，于是小孙子就滚了下来。这不是洛克菲勒的失手，更不是他在恶作剧，而是要小孙子感受到：做什么事都要靠自己，就是连亲爷爷的帮助有时也是靠不住的。

自 立

人生总是会遇到不顺的情况，很多人处于不利的困境时总期待借助别人的力量改变现状。殊不知，在这个世界上，最可靠的人不是别人，而是自己。为何总想着依赖别人，而不是依赖自己呢？在这个世界上，你要勇敢地做你自己的上帝，因为你的命运只能由你自己来主宰。

人，要靠自己活着，而且必须靠自己活着。在人生的不同阶段，都应竭尽全力达到理应达到的自立水平，拥有与之相适应的自立精神。这是当代人立足社会的基础，也是形成自身"生存支援系统"的基石，缺乏独立自主个性和自立能力的人，连自己都管不了，还能谈发展或成功吗？即使你的家庭环境所提供的"先天地位"是处于天堂之乡，你也必须先降到凡尘大地，从头做起，以平生之力练就自立自行的能力。

人要勇敢地做自己的上帝，因为真正能够主宰自己命运的人就是自己，当你相信自己的力量之后，你的脚步就会变得轻快，你就会离成功的目标越来越近。

只有做自己的上帝，你才能充分发挥自身的潜能。如果你还在等待别人的帮助，那就在这一刻改变吧。

善于驾驭自我命运的人，是最幸福的人。只有摆脱了依赖，抛弃了拐杖，具有自信、能够自主的人，才能走向成功。

心灵悄悄话

自立自强是走入社会的第一步，是打开成功之门的金钥匙。真正的自助者是令人敬佩的觉悟者，他会藐视困难，而困难也会在他面前轰然倒地。行动起来，因为只有你自己才能真正帮助自己。依赖别人，不如期待自己。

成功始于自信

洛克菲勒曾经说过："自信能给你勇气，使你敢于向任何困难挑战；自信也能使你急中生智，化险为夷；自信更能使你赢得别人的信任，从而帮助你成功。"自信是对自我能力和自我价值的一种肯定。在影响学习与生活的诸多要素中，自信是首要因素。有自信，才会有成功。美国作家爱默生曾说过："自信是成功的第一秘诀。"

的确如此，成功始于自信，这个道理人人皆知，但并非人人都能做到。试问：当艰巨的任务摆在你面前时，你能够充满信心地勇敢上前吗？当经受了许多次挫折后，你仍然能对自己最终达到目标的信心毫不动摇吗？当周围的人都瞧不起你，认为你是个"废物""无能之辈"时，你仍然能坚信"天生我材必有用"吗……如果你的回答是肯定的，就说明你有很强的自信心。如果你的回答是含糊的，甚至是否定的，那你就需要锤炼自己的自信心。

自信是成功的基石

琼尼的爸爸是一个木匠，妈妈是一个家庭主妇。这对夫妇节衣缩食，准备存钱送儿子上大学。琼尼读高二的时候，校长把他叫到办公室，对他说："琼尼，我仔细看过你的成绩和体格检查……""我一直很用功的。"琼尼插嘴道。"问题就在这里！"校长接着说，"你一直很用功，但进步不大，再学下去，恐怕是浪费时间了。"孩子用手捂住了脸，支支吾吾地说："如果那样，我爸妈会难过的！他们希望

我能上大学。"校长用手抚摸着他的肩膀，意味深长地说："人的才能多种多样，工程师不识乐谱；画家不背九九表，这都是可能的，但每个人都有特长，你也不例外。总有一天，你会发现自己的特长，那时，你就可以让父母骄傲了。"

琼尼从此再也没去上学了。他替人建园圃，修剪花草，人们也开始注意他的手艺。他又接管了三四个火车站后面的垃圾场，把它们变成了一个个美丽的公园。在这些事情当中，琼尼树立了自信心，支撑起了他的人生信念，而后来他终于成了著名的风景园艺家。

每个人都有自己擅长的领域。在这些领域中，你会是最迷人的，最出色的，最与众不同的。一个人的成功往往是凭借这些特长而获得的。因此，每一个青少年均应该使自己每天都信心十足，不能让一点点挫折就使自信心受挫，这样会使你走下坡路。自信会给你勇气，让你面对一切的困难，也能使你成功。

生活到处充满着美丽的奇迹，只要我们挺起胸膛就会感到一切如意。人生是一盘棋，局部的失败对全局并无决定性的影响，关键在于能否把握大势俯视全局，反败为胜。面对人生，青少年只有心中充满自信，才有勇气寻找到真正属于自己的快乐人生，才有力量走向辉煌灿烂的明天。

当然，每个青少年都难免会产生烦恼、悲哀、内疚、失望等情绪。面临失败，有些青少年会不断地提醒自己是个失败者，从而在战战兢兢中等待下一次失败，而失败也常常如约再次降临到这些青少年身上。因此失败有时也是自找的，因为在真正的失败到来前，他们已经在心中对自己的能力产生了怀疑，放弃了努力，坐等失败的来临。成功人士也有失败的时候，但是面临失败他们也会维持他们的自信。他们会把失败当作特例，他们会对自己说："这不像是我干的，我会干得更好"；他们会从失败中找到积极的一面，如"留得青山在，不怕没柴烧"；他们会通过积极的行动来弥补过失，转移自己的消极情

绪。通过这些行动，他们不仅再次具有了较高的自我评价，同时又为现实中的成功作好了准备。对于他们而言，失败才是成功之母。

自信是成就一切的基石。当你自信完成一件事情时，就有一种巨大的力量。对自己有信心的青少年不会怀疑自己的能力，也不会担心自己的未来，他们会用信心给人生支撑出一片灿烂的天空。

不计其数的青少年都听过这样一首歌："多少次挥汗如雨，伤痛曾填满记忆，只因为始终相信，去拼搏才能胜利。总是在鼓舞自己，要成功就得努力，热血在赛场沸腾，巨人在东方升起。相信自己，你将赢得胜利……"自信——成功的第一秘诀。没有自信，便不会成功。青少年应少说一些消极的话语，多给自己一点信心，相信自己，相信未来不是梦。只要跨出自信这一步，便能够播种成功的种子。

为自己播下自信的种子

"想撬动地球"的科学巨匠——阿基米德的父亲是希腊的一个爱国者，他看到灿烂的古希腊文化传到自己这一代已经衰落下去，十分痛心，就盼望有个儿子来振兴希腊文化。于是当儿子降生时就给他取了一个不寻常的名字——阿基米德，希腊语是"杰出的思想家"的意思。孩子自幼受到父亲精心的培育，老阿基米德用理想和生命哺育孩子，可以想象，当孩子刚懂事、开始理解自己名字的含义时，自信的种子就在心中发芽了。

有一天，父子俩来到海边游玩。

父亲说："阿基米德，你知道大海的那边是什么地方吗？""是埃及。"

"对！埃及有个港口叫亚历山大里亚，那里有许多著名的学者，还有藏书丰富的图书馆。你愿意到那里去学习吗？"

"爸爸，我愿意！"小阿基米德兴奋地说。

"要漂洋过海到那遥远的地方去，你不怕航行中的怒涛会把你吞

没吗?"

"我不怕!"

后来,阿基米德真的被送到了那个当时闻名世界的学术中心去深造。父亲为儿子播种的自信的种子开花结果了,在阿基米德不断地努力过程中,阿基米德终于成了伟大的物理学家。

成功离不开自信,自信是迈向成功的第一步。自信心是青少年心理品质中的重要内容,它在很大程度上影响着其成长和发展。青少年若要培养自信心,为自己编织成功的梦,让自信伴随自己健康成长!就用满腔的热情,在自己的心田里播下自信的种子,用辛勤的汗水细心地浇灌,让它生根、发芽、开花,结出累累的硕果。

从某种意义上而言,自信心是一个内涵极其广泛的范畴,它的涉及面很广。自信心的培养不是一朝一夕便能完成的,需要坚韧不拔与持之以恒的态度。居里夫人有句名言:我们应该有恒心,尤其要有自信心。我们要为自己播下自信的种子,相信不久的将来,就会成为新一代心理品质良好的挑战者,会在世界竞争中立于不败之地,会更好地开拓进取。

在自己心中播下自信的种子,最大限度地发挥做事的积极性和主动性。一个人只有拥有自信,才会在任何困难面前,想尽办法,努力去解决,才会真正感觉到其中的快乐。

心灵悄悄话

青少年只有播下自信的种子,让卑微的土壤长出参天的大树,对未来充满希望,满怀信心,才能克服各种困难,一步步地走向成功。

依赖他人是不现实的

从古至今，绝大多数的富翁对于财富的处理，一般是全部留给子孙。但是在美国的富翁中，近年来却有一种新的风尚在流行，就是不要留太多的财产给子孙后代，以免他们乐不思蜀，成了扶不起的阿斗。这种风尚的实践者有大名鼎鼎的微软创办人比尔·盖茨、投资家华伦·巴菲特。

现代富翁之所以有这样的观念，可能缘自罗斯·柴德留下的教训。罗斯·柴德是巴比特老一辈的富翁，他把所有的财产都留给了儿子拉斐尔。但拉斐尔在继承遗产两年后被人发现死于纽约一处人行道上，死因是吸食过度，年仅23岁。

美国卡耐基基金会就曾做过一项调查，在继承15万美元以上财产的子女中，有20%的人放弃了工作，整天沉溺于吃喝玩乐，直到倾家荡产；有的则一生孤独，出现精神问题，或是做出违法乱纪的事来。

的确，人生于天地之间，自立自强才是人生最重要的课题。一代大教育家陶行知老先生有一首诗写得好："滴自己的血，流自己的汗，自己的事情自己干，靠天靠地靠老子，不算是好汉。"人生最可依赖的是什么？是知识、是智慧、是汗水。人常说："靠人种地满地草，靠人盛饭一碗汤。"父母都不可能依靠一生一世，何况他人？因此，这个世界上最可靠的不是别人，而是自己。

清末封疆大吏左宗棠告老还乡，在长沙大兴土木，打算为子孙后代留下豪华府第。他总是怕工匠偷工减料，便亲自拄着拐杖到工地督

157

工，这儿摸摸，那儿敲敲。有位老工匠看他如此不放心，就说："大人，放心吧。我活了这么一大把年纪，在长沙城里造了不知多少府第。在我手上造的府第，从来没有倒塌过，但屋主易人却是常有的事。"左宗棠听后，不觉满面羞愧，叹息而去。

同为名臣，林则徐在对待儿孙的问题上就要开明得多。他曾说："子孙若我，要钱干什么？贤而多财，则损其志；子孙不若我，要钱做什么？愚而多财，益增其过。"为子女留下财富，不如留下更多的知识，后代不一定能保留住财富，但须用知识去创造财富。

由此可见，财富是宝贵的，但比财富更宝贵的是知识。

所以聪明的你应该明白，与其留下财富还不如留下知识，使后人学会自立。不要以为你离开了某人就活不下去！只有自立之人，才会有拯救自己的方法。

古希腊神话中有这样一个故事：

宙斯之子赫拉克勒斯小的时候，曾碰到过两位女神，一个叫美德女神，一个叫恶德女神。恶德女神对他说："孩子，跟我走吧！包你有享不完的荣华富贵！你要什么，我一定会满足你！"

美德女神对他说："孩子，跟我走吧！我将教会你如何勇往直前！而你也必将在战胜艰险的过程中变得坚强无比！"

赫拉克勒斯想了想，毅然跟定了美德女神。这以后，他果然出生入死，在战胜无数毒蛇猛兽的过程中变得刚强无比，为人类屡建奇功，成了希腊神话中首屈一指的最了不起的英雄！而且，正是因为这个，他才娶了青春女神——成了青春女神的丈夫！

真佩服古希腊人的深刻和深刻的古希腊人，原来，"要什么就有什么"非但不是什么幸福，而且恰恰是一种恶！反之，只有自觉地挑战磨难，才是人生最理智的选择！

要什么有什么的安乐生活可以让人获得感官上的舒适，却不会让人在能力、才华、品德等生命力方面有任何收获。

"天行健，君子以自强不息。"客观世界不断地向前发展，社会不断地前进，因此有志者必须不断地自强，不断地更新自己。

正如文天祥所说："君子之所以进者，无法，天行而已矣。"

苏联火箭之父齐奥尔科夫斯基（1857—1935）10岁时，染上了猩红热，持续几天的高烧，引起了严重的并发症，使他几乎完全丧失了听觉，成了半聋。他默默地承受着孩子们的讥笑和无法继续上学的痛苦。他的父亲是个守林员，整天到处奔走。因此教他读书写字的担子就落到妈妈身上。通过妈妈耐心细致的讲解和循循善诱的辅导，他进步得很快。可是当他正在充满信心地自学时，母亲却患病去世了，这突如其来的打击，使他陷入了极大的痛苦。他不明白，生活的道路为什么这么难？为什么这么多的不幸都落到了他的头上？他今后该怎么办？父亲抚摸着他的头说："孩子！要有志气，靠自己的努力走下去。"是啊！学校不收、别人嘲弄，今后只有靠自己了！年幼的齐奥尔科夫斯基从此开始了真正的自学道路。他从小学课本、中学课本一直读到大学课本，自学了物理、化学、微积分、解析几何等课程。这样，一个耳聋的人，一个没有受过任何教授指导的人，一个从未进过中学和高等学府的人，由于始终如一的勤奋自学、刻苦钻研，终于使自己成了一个学识渊博的科学家，为火箭技术和星际航行奠定了理论基础。

心灵悄悄话

想要依靠别人来获取幸福是不现实的，那只能使你的前途一片黯淡；路再远，再荆棘载途，只要自己去走，勇敢地去披荆斩棘，就一定能走到目的地。

感恩获得好心情

　　有的人活在这个世界上觉得是不快乐的，但是，面对生活，我们每一个人都应该努力地使自己更快乐，这就需要我们在生活中始终保持一颗感恩的心。心怀感恩，你会意外地发现：拥有一份好心情真的很简单。

　　"不快乐"是压在现代人心头的"病"，它像瘟疫一样蔓延在各个角落，影响着人们的心理健康。其实"不快乐"的原因极有可能源于我们始终没有找到一颗感恩的心。因为快乐其实始终潜藏在我们的身边，只不过没有感恩之心的人会对它始终视而不见而已。

　　感恩是什么？一般意义上的解释为"对别人的帮助给予感激"。推而广之，感恩是对外界施予自己的恩惠和自己给予自己的恩惠表示物质上或是精神上的感谢。感恩是一种责任意识、自立意识、自尊意识和健康心理的体现。

　　人的一生，离不开父母的养育、老师的教育、朋友的帮助、单位的知遇和社会的关爱。在人际交往中，"受人滴水之恩，当涌泉相报"，是一种典型的感恩心理，也是我们从小就接受的做人的道理。毋庸置疑，拥有这种感恩心理的人都是真诚善良、胸襟开阔、富有爱心、受人尊重、令人敬佩的，同时也是会享受生活，并能快乐生活的人。

　　人在遇到困难或身陷困境中时，接受了别人的帮助与恩惠，往往会心存感激，并时刻铭记在心。这种人会带着感恩的心理走进生活，融入社会，随时准备以爱心回报生活、回报社会。这种人在生活中是幸福的，也是快乐的。

生活给人带来挫折的同时，也会赐予人坚强的品质。当然，这还要看这个人有没有一颗包容的心，愿不愿意来接纳生活的这种恩赐。酸甜苦辣不是生活的追求，但一定是生活的全部。试着用一颗感恩的心来体会，我们会发现不一样的人生。不要因为冬天的寒冷而失去对春天的希望。我们需要感谢上苍，因为四季的轮回让我们饱览了许多不同的美丽风景。

生活的琐碎会在不经意间耗竭我们的热情，种种的烦恼也会在不经意间扼杀我们的快乐。在生活中计较太多，其实也会失去很多。因为计较得多了，心灵的负担就会加重，失望、生气、悲伤、愤怒等种种不良的心理情绪就会占据我们心灵的空间将快乐挤走，实在是得不偿失。

学会感恩，就不要计较你给了别人多少，而要记住别人给予你多少；不要记恨别人对你的诽谤与诋毁，要感恩于别人对你的关心与帮助。把微笑送给打击你最深的人，你会体验到更美更有意义的生活。

感恩是积极向上的思考和谦卑的态度，它是自发性的行为。当一个人懂得感恩时，便会将感恩化作一种充满爱意的行动，实践于生活中。一颗感恩的心，就是一个和平的种子，因为感恩不是简单的报恩，它是一种责任、自立、自尊和追求一种阳光人生的精神境界。

常怀感恩之心，我们便能够无时无刻地感受到家庭的幸福和生活的快乐。感恩是爱和善的基础，我们虽然不可能变成完人，但常怀着感恩的情怀，至少可以让自己活得更加美丽，更加充实和快乐。

不要忽视每一道清晨的阳光，因为它带给我们每一天新的希望；不要忽视每一缕和煦的清风，因为它给我们带来了惬意的凉爽；不要忽视每一张对我们展开的笑颜，因为它让我们的心也因此变得更加敞亮。当我们的每一天乃至一生都在感恩的心情中度过，那还有什么苦恼不会变成幸福和快乐呢？

1993 年，加利福尼亚大学欧文分校的戈登·肖教授进行了一项实

验。他们让大学生在听完莫扎特的《双钢琴奏鸣曲》后马上进行空间推理的测验，结果发现大学生们的空间推理能力发生了明显的提高。他们将这种现象称作"莫扎特效应"。

莫扎特效应启发人们从多个角度思考促进脑功能发展的途径和方法，并使人们日益认识到欣赏音乐等传统上被视为"休闲"的活动在脑的潜力开发中可能具有一定的价值。

心灵悄悄话

一个懂得感恩的人内心是幸福和满足的。感恩的心扉如同原野上的满天星，在生活的底子上虔诚地绽放，美丽而夺目。敞开心胸豁达地想一想：没有悲苦，哪有快乐？没有琐碎，哪有轻松？没有分离，何来相遇？万事万物都是相辅相成的，明白了这些道理，便能真正体味个中的真谛。正是因为短促而不可知的生命旅途中有太多的烦闷与不平，所剩那少许的愉悦方显得弥足珍贵，并且才更要用心地经营，使它开出芬芳的花朵。因而，请记得要感恩地生活。怀一颗感恩的心，将会使我们看到生活中更多的美好，会使我们感受到更多的发自内心的快乐。

第六篇 >>>

自立是迈出成功的第一步

在这个世界上，成功只属于那些拥有远大志向的人，那些胸无大志之人永远都不可能走在世界的前列。

对于青少年来说，让自己拥有远大的志向更是迈出人生的第一步，有了志向才会有奋斗的动力，有了志向才能有搏击的勇气。

远大的理想是你伟大的目标。仅仅拥有理想，你不一定能成功。

不过话又说回来，如果没有理想，成功对你而言就无从谈起。

用心去梦想成功

无论身处何时何地，都不要放弃自己的理想。心指引人生的方向和目标，一个人的思想不能被环境所困扰和约束，环境虽能造就人的品性，但不能改变一个人的意志。不要太在意你头顶上的那层屋檐是高还是低，因为那些都不是最重要的，重要的是你能不能让自己飞扬在心灵的舞台上，越飞越高。

在一个群山起伏、连绵不断的山区里，儿子问父亲："山的那一边是什么？"从来没有踏出过山的父亲告诉儿子："山的那一边是山。"儿子好奇又问道："山的那一边最后是什么呢？"吸着自己做的老烟袋的父亲很肯定地说："还是山！"儿子长这么大以来第一次没有相信父亲说的话。他这辈子在心里想着：山的那一边一定不是山。他联想着各种美丽的画面，并且下定决心，将来自己一定要走出这一片大山，去看看山的那一边到底是什么。后来，儿子长大了，于是便背着包袱，尝试走出那一片祖祖辈辈的思想误区。最后他坚持着自己的信念，不辞万苦，终于走出了那一片连绵起伏的山，映入他眼帘的是一片蔚蓝色的大海。

假如那个小孩相信了父亲说的话，他这辈子就不可能见到蔚蓝色的大海。

其实，每个人都有属于自己的舞台，那个舞台就在我们的心中，要成就自己的梦想，只有寻找自己的用武之地，找到属于自己的舞

台，凭着自己将来会成功的信念，不停地变换着自己想要演出的地方，才能逐渐走向成功。在别人的舞台上，你可能永远只能扮演配角，主角永远都不会是你。

人要相信自己，心想多远，就能走多远，人的潜能是巨大的，就怕不相信自己，当你不相信自己的时候，你的能力就会被埋藏。每一位成功者都是从普通人走向成功的，他们没有三头六臂，智力也和一般人差不多，关键在于他们相信自己，他们敢于梦想，敢于相信自己，时常告诫自己：我可以做到。于是潜能也就被发掘出来了。

一个旅行者来到一个小村落，他穿过一个田园看到一位老者，于是就问："请问我通过这个田园可以去到哪里？"老者回答："我不知道。我只知道通过这里，你可以去到世界上任何一个角落。"

所以，你在哪里并不重要，不要让起点决定你的结果，只要你想去哪里，就不要束缚在目前的陷阱里，因为你知道"你可以去到世界上任何一个你想去的地方，只要你愿意"。

一个想要成功的人，不但要有崇高的理想，还要有为理想锲而不舍的奋斗精神，能够忍受成功前别人的怀疑、讽刺甚至贬斥；忍受成功前的孤独和无名；忍受成功前艰辛困苦的奋斗过程。人生路上，我们要始终怀抱伟大的理想前进，因为未来是我们的，人生就在我们自己的手中，就在我们的心中。

金晓玲，是一个外表安静、内心火热的姑娘。所学的专业是时装设计，大学毕业后在北京一家服装贸易公司担任业务员，由于收入不高，所以生活一直处于艰苦与忧愁之中。

2004年2月，一个偶然的机会她接触到智慧网，了解到它全新的赚钱方式。虽然对它的赚钱效果将信将疑，但还是抱着试一试的心态加入了。于是，有了网站她就马上开始做宣传工作。朋友、亲戚、网友都是她的宣传对象。一个月后她开始有了自己的第一笔收入，从此便一发不可收拾，经过几个月的努力，她的月收入超过万元。后来她

用收入买了一套 120 平方米的住房用作生活和办公，买了一台红色菠萝车用于走访客户，买了两台电脑用于网络拓展。终于，金晓玲也有了自己的人生大舞台。

一个美丽的山村姑娘，通过不断的努力和拼搏，从农村走到了北京，走到了国际大舞台，实现了自己心中的梦想。所以，只有想到，才能做到，不敢想，就什么也做不到。你的心有多大，你的舞台就会有多大。

要成为一个出色的成功者，首先你要用心去梦想成功；要想创造出巨大的成就，首先在心里就要有大的梦想。拥有伟大梦想的人，就拥有了最强大的力量，那么他就成功了一半，当他以坚定的信念、十足的勇气去冲刺、拼搏时，就会实现自己心中的梦想，他也将是不可阻挡的。正如麦当劳的创始人雷·克拉克曾说过的："要无限相信，你的全部潜力一定是非凡的，是足以令你成功的。想多大你就会做多大。"

拿破仑说过："不想当将军的士兵不是好士兵。"一个人只有有了大的梦想，在心中有了大的舞台，才会付出更多的努力，才会成为一个好舞者，才能创造更大的价值。天上不会掉馅饼，生活不会毫无缘故地送给你礼物，你付出多少，就会收获多少，你想到多少，就要做出多少。它只为你的所作所为付出报酬。而思想支配着人的行动，你所做的一切都源自你的所想，它们通过你的行动转化为你生活的一部分。

思想是人类所具有最强大的、无所不能的工具。怎么使用这个工具，将是你人生有无成就的关键。思想的格局决定了成功的格局，你的思想格局越大你的成功格局也就越大。一位思想家曾经说过："伟人便是那些领悟出思想能统治世界的人。"是否对未来怀有梦想，决定了一个人怎样看待现实的生活，从而也就决定了他为未来付出怎样的努力。

自立

心中的梦想将我们带入人类所不能到达的世界，向我们展示一个更广大的新世界。在那个世界里，有我们渴望获得的一切。它让我们发现了我们现在的生活是多么地贫乏和无聊，从而激励我们不断地努力奋斗，去求取更好的生活和更新奇的梦想。

"思想有多远，我们就能走多远"。其意义不言自明。在这个充满竞争与挑战的时代，只有有梦想才能发展，才能赶往成功之路，才能进步。作为青少年要时刻记得：心中的舞台是发展的动力和求取成功的源泉，大胆务实地确立目标，并坚定不移地实现目标，这是无数人取得成功的法宝，同样也是走向成功彼岸的帆船。

心灵悄悄话

只有当你的心里充满了草原，你才有可能坚持去看一看你心里的那个草原。只有心里想到了，才有可能做到。

志不强者智不达

在人的一生中，理想对于每一个人来说都是极其重要的。望天下之大，不管是哪一个人，只要是有成就者，做任何事情无不是先树立伟大的理想。华罗庚是我国著名的数学家、教育家、社会活动家，他在跨出人生第一步的时候就立下了自学成才，奋发向上，为人类造福的壮志。

远大的理想是你伟大的目标。仅仅拥有理想，你不一定能成功；但如果没有理想，成功对你而言就无从谈起。如果做事情没有理想，没有目标，并不付出实际行动，那么其结果会是怎样的呢？有人说过："没有理想的人生，不叫真正的人生。"

在美国，有一个黑人女孩，由于肤色的关系，她到处受到白人的排斥，受尽了白人的冷眼与嘲笑。不仅如此，她还不能在白人的餐馆里用餐；买衣服时甚至被白人拒绝试穿；在学校里，没有一个白人学生愿意与她做朋友，就连白人老师也都瞧不起她，更不要说像关心白人学生那样关心她，这些都让她倍感羞辱。自尊心很强的她立志有一天要在白人面前找回黑人的尊严，因为她知道黑人并不比白人差。有了这个目标与信念后，她以超乎常人的辛苦与努力发愤学习，暗自在心底里与白人做着斗争，不断地增长自己的知识与才干。普通美国白人只会讲英语，她则除母语外还精通俄语、法语、西班牙语。26岁的时候，她已经是斯坦福大学最年轻的教授，随后又出任斯坦福大学历史上最年轻的教务长，而与她同龄的美国白人可能连研究生都还没有

读完。最终，她终于实现了自己的梦想，走进白宫，成为美国的首位黑人女国务卿，权力之大，受信任之深，丝毫不输任何一位知名男性国务卿。她就是著名的莱斯。

之后，莱斯说，她在 10 岁那年就萌生了得到平等对待的想法。一次，父母带着她到首都华盛顿游览。但是因为肤色，他们只能站在宾州大道的白宫栏栅外，不能进入参观。三人看着那座举世知名的建筑物，徘徊良久。最后，莱斯平静地对爸爸说："爸爸，总有一天，我一定会进去的。"从那个时候开始，她就有了为之奋斗一生的目标。25 年后，她成功地进去了，担任老布什总统的首席苏联事务顾问，每天在白宫里工作 14 小时，经历了德国统一、冷战结束等历史时刻。之后还担任小布什总统的国家安全顾问。

莱斯通过努力不但得到了平等，还赢得了白人的尊重，成为白人心目中的偶像，但这一切的一切都应追溯到最初的理想。如果当初，她没有定下那个伟大的理想，可能永远都只能是黑人窑里不知名的一员。

莱斯的成功，绝不是一次偶然，是理想在她的心中种下了成功的种子，经过浇灌，理想开始萌芽生长，最终长成浓密的绿荫，而她的名字也将永远镌刻在历史上。可以说，是理想引领她步入成功的殿堂。

在漫长的人生当中，理想是人生的指示灯。人生有了理想，也就有了面对一切困难、挫折的勇气和动力。人生失去了理想，也就失去了目标和方向，失去了持续前进的动力。只有坚持远大的人生理想，才不会在人生的海洋中迷失方向。越是在竞争和诱惑日益巨大的今天，执着于自己的理想和追求就越变得更加重要和珍贵。若青春没有了理想，那将无法承载我们的未来。

青少年应该努力成为一个有丰富情感的人，一个热爱生活的人，一个勇于面对挑战的人，一个不随波逐流的人，更要成为一个有目标、有理想的有志青年。

人们爱戴的周恩来总理，他一生为国为民鞠躬尽瘁，死而后已。他在青少年时代，就富有革命理想，立志为兴我中华而读书。

1910年夏，12岁的周恩来跟随伯父到东北奉天，先在铁岭银岗书院读了半年书，后来，转入奉天关东模范学堂读书。有一次，老师提出"为什么读书"的问题，要同学们回答。当老师问到周恩来时，他站起来响亮而严肃地回答说："为中华之崛起而读书。"充分表达了少年周恩来要为祖国独立富强而发愤学习的宏伟志向。

1912年10月，关东模范学堂隆重举行建校两周年纪念会。当时，14岁的周恩来感慨万分，挥笔写了一篇《关东模范学校第二周年纪念日感言》的作文。他在文中明确写道："学生读书应以担负'国家将来艰巨之责任'为己任。"

后来，周恩来转到天津南开中学读书。他和同学们发起组织"敬业乐群会"。在会刊《敬业》上，他发表了许多诗篇和文章。其中有一首诗写道："险夷不变应尝胆，道义争担敢息肩？"抒发了他忧国忧民和发愤图强的情怀，表达了他立志革命到底的崇高理想。

1917年，19岁的周恩来，为了寻求救国救民的真理，远涉重洋到日本留学。临行时赠给同学一首诗写道："大江歌罢掉头东，邃富群科济世穷。面壁十年图破壁，难酬蹈海亦英雄。"表示他决心钻研社会科学，挽救国家的危亡，以古人那种"面壁十年"的刻苦精神，来改造当时的社会，即使壮志难酬，蹈海而死，也不愧为中华儿女，充分表现了他年青时代的远大抱负。正因为他青年时的这个抱负和远大理想，帮他成就了后来的伟大事业。

可是，远大的理想是成功的基础。俄国思想家车尔尼雪夫斯基曾经说："一个没有受到献身的热情所鼓舞的人，永远不会做出什么伟大的事情来。"的确，如果一个人没有理想，就等于他没有灵魂，只

剩下一个躯壳了。没有理想就没有动力，而崇高的职业理想则是引领人们奋然前行的旗帜和号角，也是引领人们奔向成功的钥匙。

理想是石，敲出星星之火；理想是火，点燃熄灭的灯；理想是灯，照亮夜行的路；理想是路，引你走到黎明。理想开花，桃李要结甜果；理想抽芽，榆杨会有浓荫。

一个具有远大理想的人，同时也会具有坚定不移的决心、信心和毅力，在困难面前不动摇、不退缩、不迷失方向。通常，理想远大的青少年都会有较强的成就动机，其积极性、自觉性、主动性、意志力都较强，因而，学习成绩、工作业绩也相对优异。相反，不考虑自己将来做什么工作，没有想过要在工作中必有怎样突破的人，没有明确目标的人，表现在学习与工作上是消极被动、敷衍应付的，成绩也多不理想。

古人有云："志不强者智不达。"现代人说："我的未来不是梦。"其实，要表达的都是一个意思，也就是说要有远大的理想。这是人生的真谛，也是踏向成功的第一步。因为只有树立了崇高的理想、远大的抱负，你才有可能成就伟大的事业。可以说，理想一旦确定了，就好像要远航的帆船有了宽大结实的风帆，不管途中风再大浪再高，只要坚持心中不灭的信念，它总会带领你驶向成功的彼岸。有翅膀的鸟儿不一定能飞，但没有翅膀的鸟儿就注定以地为归宿。

心灵悄悄话

理想为成功加上了一双翅膀，可以使你展翅高飞，尽情翱翔，寻找属于自己的那片蓝天。青少年朋友要从小树立自己的远大理想，为自己的成功之路奠定一个良好的基础。

实现你的人生价值

诸葛亮曾说过："志当存高远。"是的，怀有远大志向是事业成功最重要的一步。对于青少年来说，此时正是树立远大志向的好机会。为什么一定要具有远大的志向呢？因为"无志无以成学，无学无以成才"。只有怀有远大的志向，人们才会有前进的动力，才会有勇往直前的勇气，才会有无往不胜的信念，才会取得长足的进步。

喷泉的高度永远也不会超过它的源头，同样一个人的成就也永远不会超过他的志向，即使我们无法看得到、摸得到志向，但是却能够借着它的清辉在漆黑的大海里航行，而不迷失方向。但如果不努力，不付出艰苦的劳动，就一定不会成功。所以成功是百分之一的理想加上百分之九十九的努力。只有树立远大理想的人才会成功，因为他心中有前进的动力。

作为 21 世纪的青少年，应该存在高远的志向，不仅为了实现自己的抱负而不断奋斗，贡献自己的力量，更为了实现人生的价值。

由此可以看出，一个远大的志向对于人生的重要性。下面的一项调查也许更能够说明这一个问题。英国的研究人员曾经做过一项长达 30 余年的调查，他们针对上万名英国人进行跟踪调查，被调查的对象为 11 岁左右的孩子，研究人员让他们在纸上写下自己对未来的展望，然后封存起来，直到他们 42 岁的时候再开启。结果发现，具有远大志向的孩子，长大以后的人生更容易成功。在 11 岁时便有专业技术职业抱负的孩子当中，约有一半的人在 42 岁的时候从事这类职业，而没有此类抱负的孩子，这个比例只占有 20%。

自 立

　　遥想当年，多少伟人的成功不是建立在年少时远大的志向之上呢？孙中山在读私塾时，就立下宏伟的志向："推翻丧权辱国的腐败清廷"；敬爱的周总理，在上小学的时候就立志要为"为中华之崛起而读书"；伟大的领袖毛泽东，年轻的时候外出读书，曾写了一首诗给父亲，恰如其分地表达了自己的抱负："孩儿立志出乡关，学不成名誓不还。埋骨何须桑梓地，人生无处不青山。"这样的例子在古今中外可谓举不胜举。经历了重重的困难，经过了不懈的努力奋斗，他们都实现了自己年少时的伟大志向，成为让后人永远铭记的一代伟人。

　　陈胜年轻时候，就是个有志气的人。有一天，陈胜和他的伙伴们在地头歇晌，陈胜又诉起苦来了。之后，他慷慨激昂地对大伙儿说："苟富贵，勿相忘。"大伙儿听了好笑，说："你给人家卖力气种地，打哪儿来的富贵？"陈胜长长地叹一口气说："唉，燕雀怎么会懂得鸿雁的志向呢！"陈胜的杰出之处，就在于他率先看到了这种贫贱、富贵的不平，并勇敢地提出了改变这种不平现状的要求。此时，改变命运的决心犹如一团烈火在陈胜胸中燃烧。事实上，不久之后，他便以实际行动向人们证明了自己的豪言壮语。

　　公元前209年，为防守边疆，秦二世大规模征兵，在河南各县征集了900个壮丁，陈胜和吴广两人被指定为队长。他们和其他900名穷苦农民在两名秦吏押送下，日夜兼程赶往渔阳。当行至蕲县大泽乡时，遇到连天大雨，道路被洪水阻断，无法通行。这场雨一直下了20多天，严重耽误了壮丁队伍的行程。从宿县到密云，迢迢三千里，在规定的期限内，是无论如何也赶不到了。雨不停地下着，没有一点要停下来的迹象，大伙都急得像热锅上的蚂蚁，不知道怎么办才好。因为按照秦的酷律规定，凡所征戍边兵丁，不按时到达指定地点者，是要一律处斩的。于是，陈胜便一不做二不休，干脆揭竿而起，成为中国历史上农民起义的第一位领袖。

陈胜起义后，响应者云集，陈胜、吴广带着起义军从大泽乡出发，一举攻克蕲县。接着，陈胜派葛婴带领一支队伍，攻下了蕲县以东的五座县城。很快把起义的火种带到了自己的家乡中原大地。从军者由起义初期的900人扩展到数万人。接着又攻克了陈州，在陈州成立了以陈胜为首的政权，国号"张楚"。

尽管陈胜领导的农民起义并没有取得实质性的胜利，但他们却给当时的秦王朝造成了沉重的打击，其影响力堪称广泛。这一切，都与当初陈胜的远大志向有着密切关系。那么，究竟是什么样的志向才算是"高远"呢？高远的志向是指目光远大，能洞察社会发展的大趋势，预见到历史前进的大方向，符合发展趋势、顺应前进方向的志向。不以物喜，不以己悲，遇艰难而不退缩，遭挫折而不气馁，终于能够成就一番大事业。远大的志向，能够让人具有高瞻远瞩的观察能力，具备远见卓识的分析能力。

多少人在人潮汹涌的世界上白白地挤了一生，却从来不知何去何从。究竟如何才能在人海茫茫的世界里找到自身的价值呢？

心灵悄悄话

从树立一个远大的志向开始！同时还需要具有努力、拼搏和奋斗的志向，不然志向就会变成空想。即使经过努力之后你并没有如愿以偿地成功，你的人生也会因此而变得灿烂充实。

打造不平凡人生

目光深远者，是对目标追求的孜孜不倦，是对信念理想的锲而不舍。在很久以前，秦王敢骑马统一天下，夸父敢徒步追逐太阳；在很近的年代，共产党敢用步枪斗大炮，中国敢敞开国门向世界开放。浪花淘尽英雄，时光在流逝，社会在发展，人类在进步。英雄已逝，但他们所开创的事业是永垂不朽的，他们敢为天下先的气概永远回荡在天地间，激励着后来人勇敢地迎接未来的挑战。

人生如逆水行舟，不进则退。人要有敢于拼搏、敢于争第一的精神，才能在人生的画卷上留下一笔亮丽的色彩。在我们的生活中，尤其是青少年朋友，在自己的成长道路上要不甘落后，敢于脱颖而出；在人生旅途中，要敢于冒尖，勇于争当第一，当仁不让。

敢于争先，创造成功机会

被誉为"上海茶王"的叶石生，是一个来自寿宁山区的汉子，他种过茶，办过厂，可谓是精通茶道，但在他到了大上海之后，竟然像一滴水融进了大海，没了踪影。就在那批茶叶被拒收的当天，他在上海找了不下50家店铺，没人愿意收购它，自己不得不花9000元钱，租下一间不到45平方米商铺，既当店面，又当住家，每天起早贪黑，推销茶叶。1994年春，他开了一家"集茗轩茶庄"。当时他有一个小小的"野心"：不仅要卖出积压的茶叶，更要把寿宁的茶叶、闽东的茶叶卖出去，在上海打响自己的品牌。

曾经有过受骗之痛的叶石生，在商场上特别重信用、求质量，这使得他的茶庄生意红火，在上海站稳了脚跟。两年后，一个很好的发展机会来了，他决定"一搏"。

1995 年年底，原先位于大统路的农贸市场，因多种原因导致摊位空置，同时辖区内各种批发市场已基本齐全，唯独没有一家像样的茶叶批发市场，而据权威部门测报，当时上海人均茶叶年消费量达 0.9 ~ 1 公斤，因而工商分局有意要对市场进行改造。叶石生获得信息后，对包括市场周边的交通、客流量、消费群体等进行评估、调查后，揽下了改造市场的重任。

叶石生运用了所有的关系贷到 150 万元，并全部投入农贸市场的改造与完善。经过半年多的积极筹建，这个占地面积 8000 平方米、共有 150 间营业店面的茶叶市场于 1996 年 4 月 28 日开张了。

大统路茶叶批发市场一开业，立刻引起了轰动，几乎全国茶叶主产区的茶商蜂拥而至，不到一个月，所有铺位包租一空。

开业半年，60 万公斤、价值 2100 万元的茶叶全部销售一空。目前，这个市场聚集了来自全国产茶基地的上千种知名品牌的茶叶。

叶石生回顾自己走过的艰难历程，很有感慨地说："商场如战场，要敢于冒风险。上海这个地方，我认为是创业者的乐园。创业有时就得承担风险，但冒险不等于赌博。想起当年我开办茶叶市场举债 150 万元，如果当时投资失败，就意味着倾家荡产，因此我只能选择背水一战，结果茶叶市场一炮走红。"

成功的花环，往往只垂青于那些"敢为天下先"的勇者。叶石生，这个勇闯上海滩的闽东茶农，现在已是身价过亿的"上海茶王"。他创办的大统路茶叶批发市场，是目前上海市最大的茶叶批发市场，这里经营的茶叶批发量占上海茶叶交易总量的 70%，成为媒体发布茶叶市场行情的价格依据。

人生路上，要时常告诉自己永远追求最好的。只有这样才能够帮

助你走向富裕的道路，给自己加压才能让自己有行动的动力。

在这个世界上有两种人，一种人宁做鸡头不做凤尾，而另一种人宁做凤尾不做鸡头。

李白是后一种人。他在江湖上浪迹一生的目的只有一个，就是混入朝廷，就算是给唐明皇当个翻译、给杨贵妃当个秘书，他也觉得距离人生目标也近了一步，可以今朝有酒今朝醉了。虽说他已经是一个大人物了，但是他还想让自己有用武之地，所以他宁愿在朝廷再谋取一职，让自己高人一筹。

所以说，只有敢于争先才有生存的机会，敢于争先才会有成功的机会。

柯受良虽然已经离我们远去了，但是我们却难以忘记 1992 年 11 月 15 日，一个飘雪的日子，在河北省境内的长城地段，一个偏僻的角落，39 岁的柯受良一跃越过了几十米宽的长城。

柯受良飞跃长城有这样一段内幕。作为香港影视界著名的特技演员，柯受良开创了许多世界电影特技技术的新领域。他曾跃过许多被世人看来难以跨越的高山、峡谷、河流，许多被人们视作不可逾越的障碍险境，都被他用勇气和胆量征服了。

长城是世界上最伟大的建筑之一。世界上还没有人成功飞越长城。柯受良听说一个英国人想成为世界上第一个飞越长城的人，于是他加快了准备工作，提前进入飞越长城的角色。

那天，他成功飞越长城后，有人问他："柯先生，您现在是一种什么样的感觉？"

柯受良说："第一个飞越长城的人，终于是我们中国人。"

50 余米的凌空跨越，这需要多么大的勇气和胆量！柯受良甘冒这么大的风险去跨越长城，得到的是我们中国人"敢为天下先"的赞誉，的确不可思议。

人与人的区别，往往决定于他们对事物的不同认识和对价值的不同判断。在有些人看来，柯受良驾驶摩托车跨越长城，是一场没有必要的冒险，是心血来潮的游戏。他们认为这一跨一越，只是个人争强好胜。

柯受良跨越的宽度为 58.85 米，吉尼斯世界纪录记载了这个创举。尽管这个世界纪录与政治、经济、社会、文化没什么直接联系，也没有创造直接的经济财富，但是，当吉尼斯世界纪录记载下中国人第一次飞越长城的时刻，历史也把中国人的胆魄和能力与伟大的长城一起载入史册。这是高层次的精神创造，创造的是一种精神财富，而创造独特精神财富的人将被历史和世人永远记住。

柯受良"敢为天下先"的勇气，成为名垂青史的人物，同时也创造了历史。冒险精神如果仅停留在思想和理论中，那只是空泛的激情。

心灵悄悄话

敢为天下先，才能闯出一条成功之路，进而创造不平凡的人生。处于成长期的青少年朋友，要想让自己的人生之路更加成功，那么就要从现在做起，做任何事情都要敢于抢先一步，这样，便能为自己打造一个美好的将来，打造一个不平凡的人生。

第六篇　自立是迈出成功的第一步

做一个积极的人

没有人比你自己更在乎你的学习或是生活，没有人比你更适于管理你的人生。你只有积极主动，才能找到真正的"自我"，才能让自己在成功的道路上永远快乐！智圣诸葛亮曾说："茅塞顿开，积极为善。"

只有积极主动的人才能在瞬息万变的竞争的环境中赢得成功，只有善于展示自己的人才能获得真正的人生价值。

微软中国研发中心的桌面应用部经理毛永刚，在1997年刚被招进微软时负责做Word。当时他只有一个大概的资料，没有人告诉他该怎么做，该用什么工具。和美国总部交流沟通，得到的答复是一切都要靠自己去做。在没有硬性规定测试程序和步骤的情况下，他根据自己对产品的理解，考虑到产品的设计和用户的使用习惯等，发现许多新的问题。

结果他发挥出了自己最大的主动性，从而设计出了最满意的产品。

如微软中树立的信念一样，优秀的学生和普通的学生最大的差异就是其主动性，凡事积极主动的学生，才是一个值得大家信赖的学生。

比尔·盖茨说："一个好员工，应该是一个积极主动去做事、积极主动去提高自身技能的人。这样的员工，不必依靠管理手段去触发

他的主观能动性。"

在微软，任何一个具有专业技能、具有竞争力的员工都必须充分发挥出自己最大的主动性。因为微软需要那种采取直接的、重要的行动为公司获得收益和取得市场成功的优秀员工。凡事主动的员工，不管他是扫地的，还是一个高级程序员，任何事情都会做得漂漂亮亮。这样的人不仅能把事情做好，他还经常对上司说："我还有一个想法能做得更好。"因此，积极主动、喜欢找事做的员工，无论做什么事情都容易成功。

在工作中是这样子的，在现实的生活中也是这样子的。很多的学生不知道其主动地完成自己的学习任务。很多学生常常要等老师吩咐做什么事、怎么做之后，才开始做。这样的学生没有半点主观能动性，不仅做不好事，而且也难以获得老师的认同。在这个新经济时代，昔日那种"听命行事"、等待"老师家长吩咐"去做事的人，已不再符合"最优秀学生"模式。现在，生活需要的是一个积极主动做事的学生。

在现代社会里，有两种人是永远都不会取得成功的，第一种是：只做别人交代的事情，第二种是：做不好上级交代的事情。这两种人都是不能自立的人，或者是在卑微的学习或生活上耗尽终生的精力而毫无成就的人。李开复说："不要再只是被动地等待别人告诉你应该做什么，而是应该主动地去了解自己要做什么，并且规划它们，然后全力以赴地去完成。想想在今天世界上最成功的那些人，有几个是唯唯诺诺、等人吩咐的人？对待学习，你需要以一个母亲对孩子般那样的责任心和爱心全力投入，不断努力。果真如此，便没有什么目标是不能达到的。"

一位成功学家曾聘用一名年轻女孩当助手，替他拆阅、分类信件，薪水与相关工作的人相同。有一天，这位成功学家口述了一句格言，要求她用打字机记录下来："请记住：你唯一的限制就是你自己

脑海中所设立的那个限制。"

她将打好的文件交给老板，并且有所感悟地说："你的格言令我深受启发，对我的人生大有价值。"但这件事并未引起成功学家的注意，但却在女孩心中打上了深深的烙印。从那天起，她开始在晚饭后回到办公室继续工作，不计报酬地干一些并非自己分内的工作——譬如替老板给读者回信。同时，她还认真研究成功学家的语言风格，以至于这些回信和自己老板写的一样好，有时甚至更好。她一直坚持这样做，并不在意老板是否注意到自己的努力。终于有一天，成功学家的秘书因故辞职，在挑选合适人选时，老板自然而然地想到了这个女孩。

这个女孩在没有得到这个职位之前就已经身在其位了，这正是她获得提升最重要的原因。当下班的铃声响起之后，她依然坚守在自己的岗位上，在没有任何报酬的情况下，依然刻苦训练，最终使自己有资格接受更高的职位。这位年轻女孩能力如此优秀，引起了更多人的关注，其他公司纷纷提供更好的职位邀她加盟。为了挽留她，成功学家多次提高她的薪水，与最初当一名普通速记员相比已经高出了四倍。

可是，主动去做老师没有交代的事情，并把这些事做好，就能提升自己在老师心目中的位置，就会获得更大的成功。

现代社会的竞争，也是人才的竞争。大浪淘沙，自己不努力只有被抛弃，任何地方都希望用积极主动的人才。所谓的主动，指的是随时准备把握机会，展现超乎他们要求的个人表现，以及拥有"为了完成任务，必要时不惜打破成规"的智慧和判断力。那些主动性差的人，墨守成规、避免犯错，凡事只求忠诚自己的任务，不让做的事，决不会插手；而工作主动性强的人，则勇于负责，有独立思考的能力，必要时会发挥创意，去完成任务。

因此，你要想在现代生活中获得一定的成功，就必须努力培养自己的主动意识，在学习中勇于承担责任，主动为自己设定学习目标，并不断改进方式和方法。在这个时代，被动就会挨打，主动就可以占据优势地位。我们的事业、我们的人生不是上天安排的，是我们主动去争取的。如果你主动地行动起来，你不但锻炼了自己，同时也为自己争取了很广大的人缘和社会力量。如果什么事情都需要别人来告诉你时，你就落后了。

每个在生活中想获取成功的人，都要保持一种积极主动的心态，做一个积极主动的你。主动，给自己增加了选择的机会；主动，给自己增加了锻炼的机会；主动，给自己增加了实现自我价值的机会。社会、学习中只能给你提供道具，而舞台需要自己搭建，演出需要自己排练，能演出什么精彩的节日，有什么样的收视率，决定权在你自己。

心灵悄悄话

在学习中青少年要积极主动，时刻与自己制订的长期计划保持一致，以实际行动和良好的业绩来敦促自己，做一个积极主动的你，学会自立，在积极中战胜自我，这样才能成为一个成功的人，成为一个大家欣赏的人。

第六篇　自立是迈出成功的第一步

坦然地面对生活

生活总会有逆境和顺境相伴，会有苦难与喜悦相随。面对仅有的一碗干小麦，悲观的人只会抱怨命运的不公，为明天的日子忧伤哀叹，沉浸在悲哀中无法自拔，而乐观的人却感到庆幸，并满怀希望地思考着如何将小麦变成一碗香喷喷的小麦粥。

事实上，对于已出现的"逆境"，既已无法改变，何不坦然面对？或许你坦然面对可以从中发现另一种希望与成功。

笑看挫折，做生活的强者

挫折出现时不要轻言放弃，也许再往前走一步路，也许再坚持一分钟，你就会看到成功的大门展现在面前。正所谓"穷且益坚，不坠青云之志"。在同挫折的叫板与对垒中，能够笑对挫折的人会变得越来越强大，挫折则相对渺小很多。

有这样一个不幸的男孩儿，在7岁那年患上了一种叫作"先天性进行性肌营养不良"的罕见疾病，这种病的主要症状是四肢无力。据医学专家介绍，同类患者的最长生命记录仅为18岁。知道了这一切，男孩并没有失去生活的信心，他不顾自己身体的虚弱，不顾生命已经进入倒计时，和父亲一起踏上了"感恩之旅"。因为之前当男孩的病在社会上流传开时，许多好心人都向他伸出了援助之手，于是从2003年开始，男孩和他的父亲决定在全国寻访素未谋面的恩人。父亲用一

辆三轮摩托车带他走过了 82 个城市，共行程 13000 多公里，向几十位当年曾资助过他的好心人当面道了谢，在每一片土地上几乎都留下过他们的脚印。男孩说道："向每一位好心人说句谢谢，给他们送一束鲜花，这是我最大的心愿。"这个心愿也将一直伴随着他走下去，直到生命的尽头，他就是"感动中国"的风云人物之一——黄舸。

恐怕很多常人都难以想象，这样一个每天都在和死神赛跑的孩子，面对命运的曲折不仅没有怨言，没有诅咒，反而笑着给人们光明和希望。相比较之下，那些生活在无忧无虑中的青少年们，一遇到一点小困难就轻言放弃，情何以堪？

"不幸是天才的晋身之阶，是信徒的洗礼之水，是能人的无价之宝，是弱者的无底之渊。"法国大文豪巴尔扎克如是说。

是的，"挫折"就像是一所没有人愿意上的大学，但只要是从那里毕业的，都是生活的强者。暴风雨后会出现彩虹，黑夜之后必定有黎明，只要敢于正视挫折，笑对挫折，最终一定能够踏上成功之路。

挫折来临时，怨天尤人是于事无补的，因为当你怨天尤人时就等同于将痛苦放大。挫折本来就是生活的组成部分，任何人都是躲避不掉的。面对挫折，青少年不应该过分地沉迷于痛苦失意的阴影不能自拔，更不应该在悲伤痛苦的泥沼中越陷越深。要明白，人生有了考验才能显得更加精彩，至少不再是一片空白，所以，面对生活中的逆境，不妨用微笑去面对！

既成事实，坦然面对

在明代大学问家曹臣的《说典》中记载着这样一个小故事：东汉大臣孟敏，年轻的时候曾卖过甑。一次，行走间不慎将甑摔在地上，被摔碎了，他连头也不回就继续前行。有人问他："坏甑可惜，何以不顾？"孟敏十分坦然地回答：

自立

"甑已破矣，顾之何益。"是的，甑已摔破，即使回头再看也无济于事。这已是无法改变的事实，你为之感到可惜，心疼如焚，顾之再三，又有什么益处呢？在西方还有一则小故事，与此有异曲同工之妙。在卡耐基创业的初期，在密苏里州举办了一个成人教育班，并且陆续在各大城市开设了分部。他花了很多钱在广告宣传上，同时房租、日常办公等开销也很大，尽管收入不少，但是到最后，他发现自己一分钱都没有赚到。而且由于财务管理上的不足，他的收入和支出刚好能够平衡。在忙碌了这么长时间后，结果竟然是一点回报都没有，这令卡耐基很苦恼。他不断地抱怨自己的疏忽大意。这种状态持续了很长一段时间，整日里闷闷不乐，神情恍惚，甚至于导致事业都没法再继续下去了。最后卡耐基去找中学时的生理老师乔治·约翰逊。

老师听了他的话以后，把他带到水池旁边，伸手打翻了一瓶牛奶，同时说了一句话："不要为打翻的牛奶哭泣。"聪明人一点就透。老师的这一句话如同醍醐灌顶，困扰卡耐基多时的苦恼瞬间就消失了，于是他振奋起精神，继续奋斗，终于创造了今天的成就。

这两个小故事里都包含了深刻的哲理。是啊，面对已打破的甑与打翻的牛奶已经不能再恢复原状，即使你后悔，哀叹，它也已经成为事实，无法改变。故事中的人之所以成为有成就的人就是因为他们懂得这个道理：既成事实，坦然面对才是大智慧。

辛弃疾在一首词中写道："叹人生，不如意事，十之八九。"现代人，或许比较幸运，但不如意事，也有十之三四吧？下岗，被老板炒了鱿鱼，不如意；落选，被降职，被顶头上司冷落，不如意……这些都是在我们日常生活中无法避免的事，如果遇到这样的事，只能一直默默地感伤，把自己关在自己的思绪里，一直沉湎于过去的一切吗？那么将来该如何，你是否想过呢？所以，一旦遇到这种事情，我们应该想想"甑已摔破，顾之何益"，应该想想"不要为打翻的牛奶哭泣"，学习其中的处世哲学、生存智慧。

面对时代的发展，面对社会的无情竞争，我们手中的"甑"随时可被他人打破，杯中的牛奶也可能被打翻。这些大都会在我们的心理上投下阴影，有时甚至因此而备受折磨。究其原因，就是我们没有调整心态去面对失去，没有从心理上承认失去，只沉湎于已不存在的东西，而没有想到去创造新的东西。所以，遇到这样不如意的事，不要怨天尤人，不哭天抹泪，不消沉颓唐，不心灰意懒；应吸取教训，挺直腰杆，义无反顾，径直向前。

人们安慰丢东西的人时常会说："旧的不去新的不来。"生活中的你此时或许失去了一份绚丽的爱情，或许失去了一次升职的机会，或许丢失了一份钱财，或许搞砸了一份生意，或许……但再伤心、再难过，都是毫无意义的。与其为失去的工作懊悔，不如考虑怎样才能再找一份新的，与其对恋人向你说"拜拜"而痛不欲生，不如振作起来，重新开始，去赢得新的爱情。要知道，历史不会为任何人而改写，既成的事实是无法改变的。

不要计较一时的得失成败，接受既成的事实，要勇敢地正视，在平静地面对中，蹚出一条希望之路。

心灵悄悄话

相信我们可以在彷徨失意中不断修养自己的心灵，面对生活中的逆境，做到微笑和坦然。只有这样的人，才能成为强者，才能事业有成，才能出人头地，才能品尝到成功的喜悦，才会有鲜花美酒的陪伴。

第六篇　自立是迈出成功的第一步

微笑是生活的力量

微笑是不幸生活的一帖良药。保持快乐的精神，用微笑去面对生活中的人和事物，面对平凡中的每一天，你就会发现生活的美好与真谛。

人生不如意事十之八九，在我们的学习和生活中，挫折与失意、痛苦与烦恼总是客观存在的，而且会产生这样那样的消极影响。消除这些影响的关键在于你们对待挫折的心态是否端正。如果总是认为命运不公，整日怨天尤人，那么生活就会淡然无光，甚至在哀怨愤懑或浑浑噩噩中耗费时光。如果你们能始终微笑着去面对生活，那么很多困难就会迎刃而解，迎来一个灿烂的明天。

司丹·只德是某证券交易所的会员，他靠买卖证券谋生。这是个令人紧张的行业，司丹说，他结婚18多年以来，从起床到出门办事，很难对妻子微笑，或说上三五句话。他说他是在百老汇街上行走的一个脾气最坏的人。他是卡耐基学员中的其中一个。他自己所讲述的："参加卡耐基微笑课程后，因为要完成一个作业，对微笑的经验作一次演习准备，我想我就试一个星期看看。"

"次日早上，我看着镜子中的沉闷面孔，对自己说，司丹，你今天要一扫你的愁容，你要微笑，从现在开始。吃早餐时，我向妻子招呼说：亲爱的，早。我说的时候微笑着。"

"卡耐基曾提示我，她或许会惊讶。可这对她反应的估计太低了，她简直迷惑了、惊呆了。我告诉她，这个将成为日常的事情。""我这

样改变态度已有两个月。这两个月中，我们家庭所得的快乐，比去年一年中所有的还多。""我不仅在家里尝试使用微笑，在路上，在办公的地方，在工作中遇到人时都试着微笑。不久我发觉，人人都反过来对我也微笑。我觉得在调解矛盾时采用微笑要容易成功得多。我觉得微笑带给我许多财富。""有一个同办公室的年轻人说，他当初认识我时，以为我是个可怕的坏脾气的人，现在他改变了看法，他说我微笑的时候真慈祥。"

"我学会了保持微笑，这改变了我的人生。现在，不但我自己快乐，也给别人带来快乐，因而我的生意也越来越好。"

人的一生，微笑是一辈子，痛苦也是一辈子。在与人处事时，保持一种乐观的态度，学会真诚地予人微笑是一门人生的艺术。

用微笑去面对打击，若干时间后，青春时期的你就会发现原来没什么过不去的坎坷，一切是那么的简单而明了。如果总是叹息自己的命不好，埋怨命运对自己的不公平，那么生活便会加倍地报复你，而你的生活之路就会真的越来越狭窄了。其实外来的一切并不可怕，也无法完全打倒我们，但压力与绝望来自内心，而自己又无力去扼住命运的咽喉，那才是真正的危险。如果是这种情况，恐怕上帝都无能为力了。正如医生告诉患了绝症的病人日子不多了，那就只有向上帝去乞求宽恕了。

上帝给了我们两条蛾眉月，一双眯成线的眼睛，和稍稍向上翘起的嘴巴，组成了"微笑"，就是希望我们用微笑面对生活。没有嫣然绽放的花蕾，便没有四季可人的温馨；没有潺潺流过心田的微笑，便没有人生的洒脱。微笑是蕴涵着一种振作、一种成熟、一种坚强、一种超越的魅力，只要我们微笑着面对生活，生活也会向我们微笑的。

在茫茫的宇宙中，无论从时间上还是空间上看，人都是沧海一粟、极其渺小的，即使你才高八斗，学富五车，即使你重权在握，位高职倾，即使你日进斗金，财如江河……有什么大事能剥夺你的快乐

呢？只要真正认识到人的渺小和局限，我们就不会因为困难挫折而难为我们自己去妄自伤悲。人赤裸裸地来，又赤裸裸地去，没有什么不可放松的事，没有不可摆脱的利害得失的思想负担。只要我们尽力去做了，我们就可以笑对人生。在认识人的渺小与局限的同时，我们还要认识人的伟大与神奇。人是万物之灵，有目的，有创造性，可以改造世界。人类长期的创造劳动，才使得我们生活的世界千姿百态、丰富多彩，我们要为人的伟大而欢笑。认识渺小和伟大这两个极端，我们就可以在任何情况下，包括最困难的情况下展露我们真诚而温馨的笑容。

培养微笑是件简单的事情，但把微笑落到实处，就会得到不简单的收获。让我们把微笑永远挂在脸上，面对每一个人，渐渐地变成一种习惯。世人说："一个好的习惯可以成全一个人一生的幸福。"既然如此，我们要微笑地生活，快乐地学习，享受微笑带给我们的无穷的信心与力量。

一家餐馆刚开业生意一直不是很好，这个餐馆的老板一直都在为自己的生意而头疼。这时一个经济策划人来了，他给这个老板提了一个建议，说："你们餐馆的生意不好，是因为你们每一个人都不能很好地对待客人，客人来你的餐馆是享受的服务，不是你们的冷眼相待。"此时，老板观察了下自己的员工，发现员工的表现正如那个策划人所说的，每一个员工都是垂头丧气的，没有一点精神。于是他让自己的员工就每天适当地缩短上班的时间，合理地进行了轮班制度。并且要求每一个员工每天对着镜子多照照，保持好自己的微笑再上班。没过多久，餐馆的生意果然有了好转。

微笑是幸福的来源，是幸福的先导，是幸福的前提。微笑是人类宝贵的财富，是自信的标志，是礼貌的表现，是沟通人际关系的法宝。每一个人都具有保持微笑的本领。微笑是人与人之间最短的距离。

　　微笑是维持人际网脉一种很神秘的东西。个人维持的好坏就是这样的，无可非议，微笑能带给人们无穷的生活快乐。

　　给镜子中的自己一个微笑，自己给自己回赠一个微笑；给生活一个微笑；生活回赠我一个微笑；给人们一个微笑，人们回赠我一个微笑。微笑是相互的，幸福是共有的。微笑有了，幸福也就有了。正如苏格拉底所说："在这个世界上，除了阳光、空气、水和笑容，我们还需要什么呢？"

　　生活中，不管发生了多大的困难，青少年都要保持着微笑，以平和的心态去面对，这是最好的方法和态度。记住，假如我们转身面向阳光，身子就不可能陷在黑暗的阴影里。

　　生活的烦恼犹如灰尘，无处不在，我们的心要常常保持快乐，不必把人与人之间的琐事当成是非。有些人常常痛苦而烦恼，别人一句无意的话，却以为有意并积怨于心，实际上这完全是没有必要的。

　　向生活微笑，学会时刻与人微笑，即便自己的心情再差，也要保持一种乐观的心态去面对自己周围的人和事。学会微笑，就是以善良诚意和身边的每个人交往。你向别人微笑，别人也会报之以微笑。生活中，如果每个人都开满花朵一样的微笑，那么肯定是最美好的生活。一个自始至终微笑的人，他的人生肯定是最美丽的。

心灵悄悄话

　　一个简单的面部表情，一丝淡淡的微笑，会给他人带来一份温馨、一份感动；青少年朋友们，学会给自己带来一份好的心情，拥有一份坦然；给他人一份微笑，就会给自己一份舒心；给他人一份微笑，就会给自己一份阳光。

学会忍耐

在如此纷繁复杂的大千世界，芸芸众生，迥然而又各异。一个人生活在社会中，就不可避免要同其他个体发生千差万别、千丝万缕的关系。事物之间总是要相互制约的，一个人在社会中同样不能够随心所欲，无拘无束。而一个人要想成就一番事业，就必须吃常人不能吃的苦，流常人不能流的汗，忍常人不能忍之忍，其归根结蒂，就是人生怎样运用好这个"忍"字。

忍常人所不能忍

他出身低贱，家境贫寒，小的时候曾乞食于漂母，受辱于胯下，长大以后他成为秦汉一代名将，刘邦得天下，军事上全依靠他。这个人就是秦末汉初杰出的军事家韩信。

他年轻的时候父母双亡，家里很穷，经常遭人羞辱。韩信没有什么谋生的本事，他只好常常到别人家里去蹭饭吃，所以别人都很讨厌他。有一次，韩信在淮阴城下的河里钓鱼充饥，几个大娘在河边洗衣服。有一位大娘见韩信饿了，很可怜他，就送给他东西吃。后来，那位大娘经常给韩信饭吃。

韩信很感激她，说："大娘，有一天我发达了，一定会好好报答您！"

大娘听了很生气，说："你不能养活自己，我看着你可怜，才给你吃的，难道我是贪图你将来报答我吗？"

有一个屠夫，一向看不起韩信，还常常对别人说："你们别瞧这家伙长着那么大的个子，又好舞刀弄剑，其实他胆子小着呢！"

韩信从街上过的时候，屠夫立即跳出来挡住他，叫道："韩信！你如果有胆不怕死的话，你就给我一刀；你要是怕死，就从我裤裆底下钻过去！"

他很久没有说话。看着屠夫那副趾高气扬的样子，他伏下身子，慢慢地从屠夫的裤裆下面钻了过去。从此以后大街上的所有人都笑话韩信，认为他胆子太小，不是个男子汉。

后来，人人都知道，韩信为刘邦平定天下立下了汗马功劳。他之所以甘心受这样的屈辱，不是因为他没有血性，而是他想干一番大事业，为此，就要保全自己。

韩信受胯下之辱，成为人们常用它来比喻那些为了干大事而甘愿受一时屈辱的人。

现实生活中需要我们忍耐的事情有很多，要想成功就必须学会忍耐和克制。有句名言叫"小不忍则乱大谋"，意思也就是说遇到事情要好好考虑清楚，不能只图眼前的痛快和利益。

曾国藩在中国的历史上是一个最受争议的人物。他作为镇压太平天国起义军的湘军首领，被一些人称为清末第一名臣，中国封建社会中最后一位官场的楷模。也有人贬斥他是"汉奸""卖国贼"。更有人说他是中国历史上最会忍的一位封建官吏，是"忍经"之模范，一代逆境成功大师。当然也会有人说他"阴险狡诈""以杀为善"。

但他在他的长期做官时间里，总结出了三句至理名言，"打脱牙和血吞""居官以忍耐为第一要义""养活一团撑起两根穷骨头"。第一句是说：当人生遭受巨大的打击时，要能够默默地忍受，以等到希望的出现。第二句是说：做官一定要以忍耐来自我约束，以防止浮躁而铸成大错。第三句是说：做人做事要有骨气，任何时候都要耐得住

寂寞，而不放弃希望。

曾国藩一生的传奇经历就是一个忍的长期过程。据说清朝曾国藩对于人有三种不同的评价，他说："第一等人有本事，却没脾气。第二等人本事有，但脾气也有。第三等人本事不大，脾气却不小。"

三句至理名言，无论是从人生、官场还是生活的角度都体现了曾国藩的"忍"术，是亲身的体验，也是关于他一生经验的总结。正是因为如此，他才以"忍"字立世，他一再告诫自己和幕僚，盛世当作衰时想，要把逆境当顺境。为人处世要用谦和赢得人缘，切莫得意忘形。并将"忍耐"作为人生第一要义，处处运用和遵守，终于成就内圣外王之伟业。

曾国藩的一生，是忍的一生，也是一个忍的过程。就因为他的忍，成为中国历史上名臣中的一员。

能忍的人，才是能干大事的人。由于忍耐，意志得到了磨炼；由于信念，意志才得刚强，所以雅各才说："信心经过试验就生忍耐。"

在生活中与人相处，发生矛盾，产生误会和摩擦都是在所难免的，在这种情况下我们就是要做到忍，提倡忍。如果先把它强制为一种习惯，再逐渐升华为高层次上的修养，到那时你会看到它不仅有利于你的事业成功，还有利于你的身心健康。

而从整体来讲，如果所有的人都认识到忍的意义并从自身做起做到它，那我们的这个社会一定会更加和谐而美好。

一个伟人的成功不是一朝一夕获得的，必须能忍常人所不能忍，容常人所不能容，受常人所不能受的苦。

忍一时之忍，方能成大事

黄武元年，刘备因忌恨东吴而斩杀掉了关羽，从而率兵进犯东吴，孙权又封陆逊为大都督率兵抗敌。陆逊因谋略过人，调度有方，最终大胜蜀军，使得刘备败退到了白帝城。

在开始之时，陆逊为大都督在抵抗刘备来犯的时候，其身边的将领大多都是孙策时代的旧臣名将，有的是王公贵族。他们骄傲自负，大都不听从陆逊的调遣。陆逊按着宝剑说道："刘备天下闻名，连曹操也惧他三分，今率兵犯境，实则是强敌压境啊！诸君共享国恩，当团结一心，共同抗敌，才可报国恩。现在大家不能团结一心，听从调令，实在太不应该了。我虽一介书生，但承蒙受主上宏恩当此大任。国家之所以让诸君听命于我，是因为我还有一点可以称道的优点，就是能忍辱负重罢了。现在各负其责，岂能推辞，军令如山，不可违犯啊！"

陆逊正是因为自己处事谨慎，才谋超群，能够做到忍辱负重，如此良好的风范才成为三国时的一代名将，从而为后人所称颂。

忍辱负重，对于做大事之人来说，它是成就事业所必须应具备的基本素质。孟子说："天将降大任于斯人也，必先苦其心志，劳其筋骨，饿其体肤，困乏其身……"能在各种困境中忍受屈辱是一种能力，更是一种本领。小不忍则乱大谋，凡成就大业者莫非如此。

忍是一种宽广博大的胸怀，忍是一种包容一切的气概。忍讲究的是策略，体现的是智慧。"弓过盈则弯，刀至刚则断"，能忍者追求的是大智大谋，绝不做头脑发热的莽夫。

每个人在自己的一生当中，就不可能任何事情都是一帆风顺的，总会遇到各种各样的困难与挫折，不管是来自外界的，还是自身的，都在所难免。一个真正想有所成就的人，必然不会为一时一事的顺利与阻碍为念，也不会为一时的成败所困扰，而是去奋发图强，艰苦奋斗，成就功业。"忍一时风平浪静，退一步海阔天空"。为了长远的考虑，何必要去计较一时之长短呢？

然而，这里所讲的"忍"并不意味着就是怯懦，同时也不意味着无能。从本质上来说，忍是强者的涵养，不能忍才正表现出弱者的无奈。

自立

"苦心人，天不负，卧薪尝胆，三千越甲可吞吴。"越王勾践败到为吴王夫差驾车的地步，他却能够做到忍辱负重，复兴国家，以使他们打败吴国，称雄一方。从这里可以看出：善于忍耐，在该出手的时候当仁不让，才能够很容易通向成功。

俗话说："宰相肚里能撑船。"肚里窄狭，不能容忍，那是不配做宰相的。忍是修身养性的前提，忍是安身立命的最好法宝，忍是众生和谐的祥瑞，忍是成就大业的利器，忍是生财致富的妙门……

总而言之，一个人一定要学会忍，只有做到了忍一时之愤，才能够真正地干出一番大事业。青少年朋友在学习、生活、工作中，都要学会忍，只有这样，才能为自己打造出一条成功之路。

心灵悄悄话

事实上，能忍的人并不是懦夫，反之，是有力量的。忍是勇敢的；忍也是一种定力、一种牺牲。你能培养这种定力、牺牲的精神，对于修养品德才会有所帮助，未来的事业才能成功。

第七篇 >>>
培养生活自理的习惯

　　生活自理需要青少年养成良好的生活习惯，良好的生活习惯不但能够促进青少年的身心健康，对其未来的发展有一定的间接作用。青少年精力旺盛，又处于长身体、长知识的阶段。良好的生活习惯是确保他们顺利渡过人生的重要基础。为了使其身心健康，每一个青少年都应该切实重视培养其自立的品质，从而形成一种良好的生活习惯。

　　负责任不仅是一种积极的人生态度，还是一个人道德修养的基本要求。青少年若能够对自己的行为负责，对自己、对他人、对社会均有一定的积极意义。

自理才能自立

青少年的生活自理能力的培养，对人的一生十分重要。自理能力是一个正常人生活的最基本的能力。对于现在很多高中生来说，大部分的时间和精力都用在学习上，生活上很多事情都是由自己的父母包办打理的，从做饭、洗衣服到收拾床被、打洗脸水。试想一下，青少年们总有一天要离开父母的怀抱，到那个时候，一点生活自理的能力都没有，何谈事业有成呢？

从自理到自立

高考时，年仅16岁的某中学学生小尤以667分的成绩被北京大学基础医学部录取，学制8年，本硕博连读。然而，接到这个好消息的那一刻，小尤却也开始了他的"自理课"的恶补——他要在开学前学会自理自立。

对于小尤16岁就考取本硕博连读这样好的成绩，的确让人佩服；然而同时恶补"自理课""临上轿现扎耳朵眼"的做法，却让人觉得有点美中不足。再试想一下，如果小尤没有考取大学的话，是不是还会继续维持原状呢？要知道，在美国，8岁的儿童就可以自己独自乘坐飞机在各州穿行了。小尤确实是天才，是块好玉，但难掩不会自理的"瑕疵"。

如今，独生子女的家庭越来越多；很多的青少年成了家里的宝

贝。很多的家长疼他们都来不及，更不用说让孩子去做什么家务了，然而，这也导致青少年把学习搞上去了，别的却什么也不会，他们过着饭来张口、衣来伸手的生活。在学校里，老师重视的同样是成绩，哪个学生分数高，即便其"德体美劳"都差劲，同样会是老师的宠儿。这些原因都是导致青少年自理能力差的关键原因，同时也是使青少年产生强烈依赖心理的关键因素。

但是，虽说家长与学校老师在青少年自理能力差的方面应负责任，但对于青少年本身来说，人生是自己的，这些都只是一个外在因素，内因还是在自身。我们知道，内因是主导事情发展的关键因素，所以，青少年应从自身着手，改变自己的观念，提高自己适应各种环境的能力，多给自己一些必要的锤炼。天下的父母都是疼爱自己的孩子的，相信父母看到自己的孩子自理能力强，在心疼之余却会从心眼里发出真心的微笑的。

青少年如何培养生活自理能力

青少年总有一天要离开父母的怀抱自立于社会。对青少年来说，具备一定的生活自理能力，就能对其体力、智力、良好的个性形成和今后的发展奠定基础，并成为形成健康人格的重要前提，对他们将来成为社会人有着极为重要的影响。

我们知道，很多的青少年在上大学之后，由于周围的生活环境发生了很大的变化，在他们的身边没有了父母、长辈每日的悉心照料，许多事情需要独自处理，真正的独立生活开始了。对于青少年来说，从离不开父母的家庭生活到事事完全自理的大学生活，这一切都要从头学起，所以，从某种意义上说，这是一种真正的生活独立性的训练。

首先，要学会日常生活的打理。

要学会准时起床、运动，学会自己料理床铺，收拾房间，学会自

己洗衣服，缝补衣服，学会自己照料自己……在学习的过程中，如果能够和同学进行交流就更好了，因为同学间的互相影响和互相学习能够在一定程度上促进生活自理能力的提高。

其次，独立生活的另外一个重要方面是对钱财的管理。

很多青少年对于如何"理财"，一般都没有太多的经验。由于家长一般每月或每几个月给一次生活费，青少年就要自己独立计划如何进行消费。计划不当甚至没有计划的学生常常在最初的时间里大手大脚，把后面的伙食费提前花掉。赶时髦、讲排场的社会风气对青少年来说也有相当的影响，往往娱乐一次的开支就花掉生活费的一大半，加上平时的伙食费，每个月的生活费就所剩无几了。

因此，青少年要树立一种新的"理财"观念，要注意考虑：在生活中，哪些开支是必须的，哪些开支是完全不必要的，哪些是可有可无的……正所谓"钱要花在刀刃上"，要避免完全不必要的消费，可花可不花的尽量少花。此外，还要根据父母的经济能力和自己"勤工俭学"的能力来进行日常消费。

当青少年有了这些基本情况的分析，然后再确定自己每个月的"消费计划"，使之切实可行。并且要尽量按照计划执行，多余的钱可以存入银行，以备急需时使用。相信这样坚持下去，久而久之，青少年对自理的生活就会逐渐适应。

另外，青少年在学习自理的过程中，有以下几点需要注意：

1. 要遵循循序渐进的原则。

自理能力形成是长期的，不是一蹴而就的。所以，在日常生活中培养自己生活自理的能力要实行循序渐进的原则，一步一步地来。

2. 要有耐心，持之以恒。

青少年培养自己的生活自理能力要从生活的小事中开始培养，要持之以恒。刚开始的时候，往往做得很慢，有时甚至"闯祸"，这时，要对自己多些耐心，不能因此就害怕动手，要耐心地坚持，养成习惯。

3. 采用多种形式，学习各项生活、劳动技能。

总之，培养良好的生活自理能力，需要各方面的配合，首先自己就要具备正确的教育观、生活观、发展观，要相信自己，大胆地动手去操作，从而提高自己在生活自理方面的能力。

心灵悄悄话

青少年要学会自理，特别是上了大学之后，生活环境有了很大的变化，没有了父母、长辈的悉心照料，不会自理真是寸步难行。

养成负责的态度

对自己的行为负责，是一种成熟的心智。在现实生活中，每一个人因担任的角色不同而担负着不同的责任。负责任不仅是一种积极的人生态度，还是一个人道德修养的基本要求。青少年若能够对自己的行为负责，对自己、对他人、对社会均有一定的积极意义。

正是由于对历史负责，司马迁才写出千古流传的《史记》；正是由于对国家负责，陆游才会"位卑未敢忘忧国"。若没有负责的态度，何来李时珍21年心血而成的《本草纲目》？若没有负责的态度，何来神舟七号的圆满飞天？

担负行为的责任

一家公司准备从基层员工中选拔一位主管。董事会考核的题目是寻宝：每个员工要穿越各种各样的障碍，到达目的地，把事先埋藏在目的地中的宝物——一枚戒指找出来。若能最先找到金戒指，金戒指将会归其所有，与此同时，这个员工还能被升为主管。为此，所有的员工兴奋不已。

他们争先恐后地开始行动，但是事先设置的道路太难走了，满地都是散落的西瓜皮，员工们每走一步仿佛都是甚为艰难，根本不能到达目的地。他们在艰难地行走着……在他们的寻宝队伍中，公司的一位清洁工被甩在了最后面，对于寻宝之事，他仿佛漫不经心，毫不在意，只是把垃圾车拉过来，然后把西瓜皮一锹一锹地装了上去，然后

拉到垃圾站去。几个小时在不经意间过去了，被散落在地上的西瓜皮被此清洁工清理得干干净净；大家兴高采烈地冲向目的地，四处张望寻找，却是一无所获。而那个默默无闻的清洁工在清理瓜皮的时候，意外地发现了压在下面的金戒指。于是活动由此停止，公司召开全体大会，正式提拔这位清洁工。董事长向大家问道："你们知道公司为什么要提拔这位清洁工吗？""因为他找到了金戒指……"好几个员工不约而同地答道。

董事长摇摇头。"我知道了，因为他能立足自己的本职工作……"一个员工脱口而出。董事长摆了摆手，意味深长地说道："这并不是全部，他最可贵的地方在于能够为自己的工作负责。当你们迫不及待地寻宝时，他却在默默无闻地为你们清理障碍。这是一种多么可贵的团队精神，这正是一个员工、一个公司最珍贵的……"

一个人对自己的行为负责，对自己的工作负责。保持这样的态度投身工作，怎能不令其取得成绩，令人敬仰、令人钦佩呢？责任具体指的是什么呢？责任不仅是"衣带渐宽终不悔"的付出，还是"大庇天下寒士俱欢颜"的幸福；不仅是"春蚕到死丝方尽"的奉献，还是"化作春泥更护花"的欣慰！时间在忙碌中拒绝蹉跎，角色在拼搏中获取成功；岁月在繁茂中拒绝荒芜，责任在耕耘中承纳收获！

为自己的行为负责

格里没有等到放学时间，便哭着回到了家中。送他回来的是一位陌生的叔叔。格里的母亲萨利特斯向这位陌生的叔叔询问究竟是怎么一回事。那位陌生的叔叔说道："放学前，小朋友在整整齐齐地排队回家，但格里却是窜来窜去，根本不好好站队，不知为什么，便与一个同学产生了冲突。老师稍微批评了格里几句，他就开始哇哇大哭起来，并不服气地对老师嚷道：'丝毫不是我的错，我根本没有打他！'"

母亲萨利特斯向叔叔道谢后，便拉着格里回屋。望着两眼通红的格里，萨利特斯向他问道："到底是怎么回事呢？""反正不是我的错，我不小心与马克撞了一下，他便使劲儿地推我，我踢了他一脚，他就哭了，老师就不分青红皂白地批评我。"格里脸上挂着两行泪珠，接着补充道："明明是他先推我的嘛！"当听到这里的时候，萨利特斯已基本了解事情的来龙去脉，她心平气和地对格里说道："难道你一点点责任都没有吗？""没有，明明是他先推我的，不是我的错……"格里理直气壮地回答道。"好，那我问你，如果你按照老师的要求排队，不乱跑，你会碰到别人吗？倘若你没有撞到马克，马克会先推你吗？"格里刹那间默不作声了。萨利特斯接着说："现在你再仔细想想，还会理直气壮地说你没有丝毫的责任吗？你是一个男子汉，无论做什么事情都不能把责任推卸到别人身上！你必须学会对自己的行为负责……"格里用力地点了点头。

文学泰斗列夫·托尔斯泰说："一个人若没有热情，他将一事无成，而热情的基点就是责任心。"试想一下：一个没有责任心的青少年、不会负责的青少年能够关心自己的生存、学习、人际、创新等各方面的能力吗？社会学家研究证明：当青少年富有责任心时，他的自我意识便开始形成，这个青少年便会从此立志，扩大其影响力，增强其义务感，并能做出应有的贡献。

人的一生是在问题与困难中度过的，任何人都将面对一定的困难与挫折。青少年应该以一种积极的心态面对它们，毕竟困难与挫折是一把双刃剑，一方面为青少年带来不必要的麻烦、烦恼、悲伤甚至绝望，另一方面也是上帝赠予青少年的一种礼物。面对不计其数的困难与挫折，青少年应想方设法克服它们，只有这样，才会变得更加坚强、更加智慧。

自立

"天将降大任于斯人也，必先苦其心志，劳其筋骨"，"不经历风雨，哪能见彩虹"，"吃得苦中苦，方为人上人"。古今中外，历经一番苦难与磨砺而获得成功的人士不胜枚举：集聋哑盲于一身的海伦·凯勒最终精通七个国家的语言，肢体残疾的张海迪担任中国新一届残联主席……他们无不向青少年昭示着这样一个道理：世界上没有不能逾越的鸿沟，只要敢作敢当，敢于对自己的行为负责，成功与喜悦必将属于自己。

青少年只有对自己的行为负责，才能对学习与生活负责，对父母与他人负责；只有对自己的行为负责，才能为其尽职尽责奠定坚实的基础。

心灵悄悄话

青少年只有扮演好自己在人生大舞台上的角色，才能担负起生命的责任；只有塑造一个真实而又完美的形象，才能拥抱壮丽的未来；只有对自己的行为负责，人格才会熠熠闪光。

做个自力更生的人

从前，有个猎人不小心在森林里迷了路。

天色渐晚，猎人担心起来。这时，他又恰巧来到了一个从未到过的地方，这是森林与草地的交界处。突然，更不幸的事情发生了，猎人踩到了沼泽地里。

这是一片不大的沼泽地，遮掩得很好，轻易不可能被发现。猎人感觉到自己的身体在一点点下沉，他大惊失色，一时手忙脚乱，不知如何是好！于是，他大声呼喊，希望有人来救他。然而，那个地方真的太偏僻了，猎人叫了许久，仍然没有任何一个人出现。当泥沼上升到猎人的胸部时，猎人越发惊慌失措。他浑身乱动，努力想挣扎起来，然而，没想到越挣扎陷得越深。终于，在一颗流星划破天际的时候，沼泽无情地吞没了可怜的猎人。

几天后，人们在那片沼泽地看见了猎人的帽子，知道了发生的一切。同时，人们在猎人遇难的地方，看见了一根大树的枯枝。那根枯枝离他并不远，他原本可以通过努力抓住它，然后爬出沼泽地。然而，他却把渺茫的希望寄托到了别人身上，没有试着依靠自己的力量战胜遇到的困难，失去了这个最后的生存机会。

人生的道路上，我们难免也会和这个猎人一样身处险境。这个时候，与其等待别人的救助，真的不如依靠自己的力量去拼搏去奋斗。这样，或许成功的机会会比依靠别人大很多。因为面对生活中的很多难事，要想解决它们，别人不一定是你的救星，相反，你自己才是你

最大的救星。

当代青少年，作为祖国未来的希望，是不能做那个连鸡蛋都不会剥的孩子的，是不能做生活中的"残疾人"的，什么都要依靠父母。一个人最终会长大，早晚要独立，这是不争的事实。独立行走，使人脱离了动物界而成为万物之灵。当青少年跨进青春之门、进入青春期后就开始具备了一定的独立意识，但对别人尤其是父母的依恋常常使其感到困惑。要找好独立与依赖父母之间的平衡点，毕竟我们还是未成年人，有些事情我们的判断能力还达不到理想中的高度。独立不是让我们一意孤行，而是在接受父母的意见之后，自己再做最后的决定。

一个不安于平静生活而热衷探险的人，名叫鲁滨孙·克鲁索。他决意成为一名海员，周游世界。他于1659年登上了一艘由巴西开往非洲的船只。一天，一场可怕的风暴把船打得粉碎，鲁滨孙的朋友都死了，唯有他一个人活了下来并安全到达了陆地。他发现自己在一个陌生、荒凉的国度，但却是一个人孤独地在一个小岛上，没有食物，没有船只，无路可逃。他凭着自己惊人的勇气和毅力，独自一人在岛上生活了27年，自己用双手搭建了房屋，种植了一些粮食作物，为自己做饭，饲养家禽等。后来在一个偶然的机会，来了一艘船，于是他借此机会回到了家。

这个故事告诉我们要学会独立，依靠自己，在没有任何人的帮助下可以独立生活，不依靠别人，只依靠自己的双手和大脑去创造美好、舒适的生活环境。独立，对于我们每一个人来说都很重要，总有一天，我们要离开父母、老师的身边，走向社会。社会中充满竞争，大家都要依靠自己独立的分析、判断能力和动手能力去赢得好的工作岗位。那时，父母已经没有能力跟得上社会前进的步伐了，为你在社会中生存的指点已经不能满足你的需要了；现在大多是独生子女，没有兄弟姐妹的帮助，周围的朋友也有自己的需要，他们自己总结出来的生活经验也不可能详细地告诉你，而且也不一定适合你。因此，只有依靠自己，学会独立自主地生活。

亲爱的青少年朋友，我们已经长大，相信我们每个人都不想永远躲在大人的影子里，而希望自己去开辟出一片新天地。生活是充满困难与挫折的，我们要学会凭借自己的力量去克服和战胜它们，养成独立自主的好习惯。

一定要端正自己对自理能力的认识，注意对生活自理能力的培养。总之，自己动手，丰衣足食。

心灵悄悄话

青少年朋友要时刻记住一句话：依靠别人的干粮过日子，就得挨饿一辈子。依靠别人只能是暂时的，依靠自己才是终生的。

第七篇 培养生活自理的习惯

要有远大规划

高尔基说："一个人努力的目标越高，他的才能就发展得越快。"只有站得高，才能看得远。无论做什么事情，你的态度决定你的高度。鼠目寸光是不可能成就什么大事的。常人对苹果落地都熟视无睹，觉得那没什么，但牛顿却敏锐发现了万有引力定律。很多人都认为洗衣机只能用来洗衣服，而海尔公司却改造它帮助农民洗地瓜。

人的认知都是受环境限制的，人很难超越所处的环境。你只有站在最高处，才能看得更远。

汉代一位叫丙吉的宰相，有一次在吴国巡视的路上遇到一群乡民打架，看到有人被打死了，他竟然不予理睬，催促随从快走。

之后，走了不远，看到一头牛在路边不停地大口喘气，却立即叫人停下来向当地百姓仔细调查情况。随从很不理解，问他："大人，为什么人命关天的大事你不去理会却关心一头牛的性命？"丙吉说："路上打架杀人自有地方官吏去管，不必我过问，否则就是越俎代庖；而在温度不高的天气，牛大口喘气却是一种异常现象，很可能会引发瘟疫等关系民生疾苦的问题，地方官吏和一般人不太注意这些问题，因而正是我宰相要管的事情，所以我要调查清楚。"然后，又吩咐随从说："你赶快去弄些防止瘟疫之类的药材，熬成汤，让众人喝下去。"果然，没过几天，这个地方就听说有人因为瘟疫而死了。不过幸运的是，宰相发现得比较早，而且早有预防，结果没造成太大的危害。

什么叫作站得高，看得远？什么叫高人一筹？就是别人看不到的时候你先看到，别人想不到的时候你先想到。大量事实证明：只有提高对事物的敏锐性，才能发现机会，抓住机会；才能提高对事情结果的预见能力，做好各种措施来防范各种突发事件的应对准备。对待事情敏锐性的高低，与一个人的境界和价值取向密切相关。只有站得高才能看得远。故事中的丙吉，如果不是心中装有民生的疾苦，他就观察不到牛喘气这一异常现象，就不会联想到会有瘟疫发生。对现实中的每个人来说，无论你从事何种职业，境界的高低决定了你做事情的大小，决定了你眼光的高低。

老子说："为学者日益，为道者日损。损之又损，以至于无为，无为而无不为。"看什么问题，只有拉开了距离，才能看得全面，看得长远，看得清楚。杜甫在一首诗中写道："不识庐山真面目，只缘身在此山中。"人们短视的原因，就是因为执迷于纷繁的表象。所以，每当我们对某事或某物迷惑不解的时候，不妨试着暂时把它丢开。

俗话说，站得高，才能看得远。鼠目寸光，肯定不是一个成功人士。要高瞻远瞩，高屋建瓴，未雨绸缪；要有战略眼光，既要把握大势，掌握全局，又要见微知著，明察秋毫，为自己做长远打算。

现实中，人们往往只为眼前的利益所吸引，或被时下的困难所阻吓。如果一个人站高一点，眼界放宽一点，那么他就可能做出更成熟、更着眼长远的决定，而对解决当前面临的问题也会有更清醒的认识。

曾国藩对于体察人情世故非常在行，他认为人常有两种积习：一种是好高骛远，眼高手低，这种人大事做不成，小事不愿做。他形象地称这种人是瞽者，即看不到方向的人。还有一种人是天天忙于身边的琐事，只见树木，不见森林，缺乏远见卓识。这两种人终究难成功。在此基础上，他提出："成大事者必须目光远大，否则就会迷失

方向，但必须按目标一步一步走下去，才有成功的可能。"

　　曾国藩在带领湘军同太平军先后作战十余年，他在军事上经常强调他的部属要从"大处着眼，小处下手"，还经常告诫他们，如李元度、左宗棠，及他弟弟曾国荃等人：治军必须脚踏实地，注意小事，才可步步为营，步步成功。在曾国藩家书中曾看到这样一件事：曾国藩发现对军队奖罚分明，能够鼓舞军队士气，于是特别要求他弟弟关注制作赏赐将领们的物件、兵器等事情，可见曾国藩在治军上事事关心，明察秋毫，这点上就连他的幕僚们也对他佩服有加。

　　由此可见，一个人要想成就大事，就必须宏阔与细微兼有，既要有远大规划，也要从具体事情做起，这样才能长期保持自己的优势，才能一步步地走向成功。

　　曾有这样一个近似于文字游戏的论述：吃葡萄时悲观者从大粒的开始吃，他的心里充满了失望，因为他所吃的每一粒都比上一粒小；而乐观者则从小粒的开始吃，在他的心里充满了快乐，因为他所吃的每一粒都比上一粒大。于是悲观者便决定学着乐观者的方法吃葡萄，可是还是快乐不起来，因为在他看来，他所吃到的都是最小的一粒。乐观者也想换一种吃法，他从大粒开始吃，仍然感觉良好，因为在他看来他吃到的葡萄都是最大的。

　　悲观者的眼光与乐观者的眼光完全不一样，悲观者看到的都令他失望，而乐观者看到的都令他快乐。因此有时，我们不妨换一种眼光来看待某事或某物。

　　有句话说得好："你能看多远，便能走多远。"眼光决定一个人的一生。拥有什么样的眼光，也就拥有什么样的人生。一个组织的成长，需要规划，一个人的成长，需要设计。有生涯设计的人，未必肯定成功，没有生涯设计的人，一定很难成功。"过一天算一天"，"做一天和尚，撞一天钟"，只看见鼻尖下边一小块地方的人，现在"不吃香"，以后更"不吃香"。

假如你的眼光独特，那么你一定会获得成功；你眼光狭窄，必然会把一生带进死胡同；你眼光散漫，人生也就充满了散漫与空虚。相反，你想拥有什么样的人生，也就需要什么样的眼光。幸好，眼光是可以凭自己的努力改变的。

对于一个人来说，富有远见并整体地看待事情具有重要的现实意义。当面临一个不容易做决定的选择，必须从长远的角度来考虑自己的未来。如果斤斤计较于当前的利益，或是因为眼前的困难而踟蹰不前，那是不会做出最明智的决定的。

不过，目光长远并不等于空谈海市蜃楼，意识到这一点是很重要的。

心灵悄悄话

缺乏经验的青少年必须注意，要脚踏实地塑造和追求自己的理想并为之而奋斗，要把自己的目光放远，要相信看多远，就能走多远。

第七篇　培养生活自理的习惯

独立思考，独立行动

尽管依靠别人、跟从别人、追随别人，让别人去思考、去计划、去工作要省事得多，但是独立自主者还是会毅然决然地抛弃身边的每一根拐杖，独立思考，独立行动，做一个自立自助的人。他们认为："一个身强体壮、背阔腰圆，重达 70 千克的年轻人竟然两手插在口袋里等着帮助，无疑是世上最令人恶心的一幕。"

人们经常持有的一个最大谬见，就是以为他们永远会从别人不断的帮助中获益。一味地依赖他人只会导致懦弱，没有什么比依靠他人的习惯更能破坏独立自主了。如果一个人依靠他人，就将永远坚强不起来，也不会有独创力。要么独立自主，要么埋葬雄心壮志，这是一辈子的抉择。

坐在健身房里让别人替我们练习，是永远无法增强自己的肌肉力量的；越俎代庖地给孩子们创造一个优越的环境，好让他们不必艰苦奋斗，也永远无法让他们独立自主，成为一个真正的成功者。

爱默生说："坐在舒适软垫上的人容易睡去。"依靠他人，觉得总是会有人为我们做任何事，所以不必努力，这种想法对发挥自助自立和艰苦奋斗精神是致命的障碍！

日本著名企业家松下幸之助曾经说过这样一段话："狮子故意把自己的小狮子推到深谷，让它从危险中挣扎求生，这个气魄太大了。虽然这种作风太严格，然而，在这种严格的考验之下，小狮子在以后的生命过程中才不会泄气。在一次又一次地跌落山涧之后，它拼命地、认真地、一步步地爬起来。它自己从深谷爬起来的时候，才会体会到'不依靠别人，凭自己的力量前进'的可贵。狮子的雄壮，便是这样养成的。"

我们身边有不少人在观望、等待，其中很多人不知道等的是什么，但却一直在等。他们隐约觉得，会有什么东西降临，会有些好运气，或是会有什么机会发生，或是会有某个人帮他们，这样他们就可以在没受过教育、没有充足的准备和资金的情况下为自己获得一个开端，或是继续前进。

有些人是在等着从父亲、富有的叔叔或是某个远亲那里弄到钱。有些人是在等那个被称为"运气""发迹"的神秘东西来帮他们一把。

从来没有某个等候帮助、等着别人拉扯一把、等着别人的钱财，或是等着运气降临的人能够真正成就大事。

人，要靠自己活着，而且必须靠自己活着。在人生的不同阶段，尽力达到理应达到的自立水平，拥有与之相适应的自立精神。这是当代人立足社会的根本基础，也是形成自身"生存支援系统"的基石。因为缺乏独立自主个性和自立能力的人，连自己都管不了，还能谈发展、成功吗？即使你的家庭环境所提供的"先赋地位"是处于天堂云乡，你也必得先降到凡尘大地，从头爬起，以平生之力练就自立自行的能力。

抛开拐杖，自立自强，这是所有成功者的做法。其实，当一个人感到所有外部的帮助都已被切断之后，他就会尽最大的努力，以坚韧不拔的毅力去奋斗，而结果，他会发现：自己可以主宰自己命运的沉浮！

被迫完全依靠自己，绝没有任何外部援助的处境是最有意义的，它能激发出一个人身上最重要的东西，让人全力以赴，就像十万火急的关头，一场火灾或别的什么灾难会激发出当事人做梦都想不到的一股力量。危急关头，不知从哪儿来的力量为他解了围。他觉得自己成了个巨人，他完成了危机出现之前根本无力做成的事情。当他的生命

危在旦夕，当他被困在出了事故、随时都会着火的车子里，当他乘坐的船即将沉没时，他必须当机立断，采取措施，渡过难关，脱离险境。

一旦一个人自强自立起来，他就踏上了成功之路，就会发挥出过去从未意识到的力量。世上没有比自强自主自尊更有价值的东西了。

心灵悄悄话

如果我们试图不断从别人那里获得帮助，就难以保有自尊。如果我们决定依靠自己，独立自主，就会变得日益坚强，距离成功也就会越来越近。